世园揽胜

2019 北京世园会园区规划设计

北京市园林古建设计研究院有限公司 编著

中国林业出版社
China Forestry Publishing House

图书在版编目（CIP）数据

世园揽胜：2019北京世园会园区规划设计 / 北京市园林古建设计
研究院有限公司编著 . —北京：中国林业出版社，2019.10
ISBN 978-7-5219-0289-1

Ⅰ. ①世…　Ⅱ. ①北…　Ⅲ. ①园艺—博览会—建筑设计—北京—
2019　Ⅳ. ① TU242.5

中国版本图书馆 CIP 数据核字（2019）第 214517 号

中国林业出版社

责任编辑： 李　顺　陈　慧　　　　　　　出版咨询：（010）83143569

出　　版：	中国林业出版社（100009　北京西城区德内大街刘海胡同 7 号）
网　　站：	http://www.forestry.gov.cn/lycb.html
印　　刷：	固安县京平诚乾印刷有限公司
发　　行：	中国林业出版社
电　　话：	（010）83143500
版　　次：	2019 年 11 月第 1 版
印　　次：	2019 年 11 月第 1 次
开　　本：	889mm×1194mm　1/16
印　　张：	12.5
字　　数：	300 千字
定　　价：	198.00 元

编 委 会

序　言

北京世园会
——一场人与自然的对话

2019 年 4 月 28 日，习近平总书记出席 2019 年中国北京世界园艺博览会开幕式，发表了以《共谋绿色生活，共建美丽家园》为题的重要讲话。长城脚下、妫水河畔，一幅人与自然和谐共处的美丽画卷正向世界徐徐展开！

2019 年中国北京世界园艺博览会（以下简称"北京世园会"），是由中国政府主办、北京市承办的最高级别的世界园艺博览会。162 天的会期吸引了 100 多个国家和国际组织、全国各省区市和港澳台地区前来参展，100 多个匠心独运、特色鲜明的展园体现了各地人民对生态文明的诠释与感悟，3200 多场精彩纷呈、活力洋溢的活动展示了各地人民的悠久文化和对美好未来的憧憬与向往。2019 年正值中华人民共和国成立 70 周年，又是我国决胜全面建成小康社会前夕，北京世园会的成功举办作为生态文明建设成果的展示、美丽中国建设的生动实践，促进绿色发展和推动绿色生活方式的重要契机，意义重大，影响深远。

建设生态文明是中华民族永续发展的千年大计，是人类共同建设美丽地球家园的必由之路。习近平总书记在北京世园会开幕式重要讲话鲜明提出了生态文明建设的最新理念，生动图示了推进绿色发展、建设美丽中国的丰富实践，更是站在历史与现实的交汇点上，以北京世园会为"轴"架起了中国与世界绿色文明交流互鉴、共赢发展的合作桥梁。

北京世园会是一场人类与自然的精彩对话，是一曲创新与绿色的和谐乐章，是一个中国与世界的交融平台。园区规划建设紧紧围绕生态文明先行示范区和美丽中国展示区的规划目标，坚持生态优先、师法自然的理念，"绿色生活，美丽家园"主题贯穿始终，共同促进了人类与自然和谐共生，激发着人们为共创美丽家园与美好未来而奋斗。

北京世园会是建设美丽中国的生动实践，也是展示我国生态文明建设新成果的重要窗口。园区核心区面积 503hm^2，本着对现有生态系统扰动最少、未来生态功能发挥最优的原则，规划建设紧紧围绕生态文明先行示范区和美丽中国展示区的规划目标，坚持生态优先、师法自然的理念，突出体现绿色生态。采用循环节约型生态水系统、生态湿地净化等先进技术手段，建设海绵园区。科学配置植物种类与数量，形成丰富多样的生物群落，使植物、鸟类、昆虫、微生物各得其所，形成区域的生物链。充分考虑植物的季相变化和林冠线轮廓，使园区成为市民亲近自然、体验绿色生活的最佳去处。运用中国传统的叠山理水手法，拓展现有鱼塘，营造湖面景观，就近堆出山体，建设"五谷丰登、山花烂漫"的梯田式花田景观，传承与展现农耕文明的生态智慧。采用先进的地下综合管廊设计，有效保障市政管线的日常安全管理和应急维修，实现园区市政基础设施建设集约高效，在美化园区景观的同时，提高园区综合承载能力。同时，为了保障各专业功能满足、技术可行和经济可控，北京世界园艺博览会事务协调局在组织构架上组建了规模空前的综合规划团队、顾问团队、总体设计和主体协调团队、规划联合工作组等，分别在不同的时期发挥了关键作用。

北京市园林古建设计研究院有限公司作为整个北京世园会园区总体设计协调单位，较好的完成了园区规划建设工作的各项要求。在统筹协调各个设计单位共同推进工作的同时，还主持完成了园区景观概念性规划、山形水系规划、总体种植规划、声景系统规划、室外展园规划、公共安全与防灾避险规划以及世园会交通视廊对园区景观设计控制指标的研究、现状生态保留研究、园区内雨水利用研究等十余项专项规划和课题研究；完成了核心景观区、中华园艺展示区、天田山、永宁阁及文人园、北京园等多项设计工作；承担了公共区园林绿化景观的总体设计和主体协调，以及规划设计顾问团队等工作。

"我们要像保护自己的眼睛一样保护生态环境，像对待生命一样对待生态环境，同筑生态文明之基，同走绿色发展之路！"在进入新时代，衷心希望北京市园林古建设计研究院有限公司继续秉承工匠精神，深入践行"绿水青山就是金山银山"理念，积极承担社会责任、大力促进绿色发展、体现绿色担当，为我国生态文明建设做出新的更大贡献！

周剑平

2019 年 10 月

前 言

2019 年中国北京世界园艺博览会（简称北京世园会）是继 1999 年昆明世界园艺博览会、2010 年上海世界博览会之后，中国举办的又一次级别最高、规模最大的国际性博览会，创下了 A1 类世园会官方参展者数量纪录，是历史上最成功的世园会之一，树立了 A1 类世园会的新标杆。

科学发展，规划先行。为广泛汲取国内外先进规划设计理念，北京世园会组委会于 2014 年面向全球征集将展会功能融入自然环境中的最佳解决方案。以孟兆祯院士、尹伟伦院士领衔的 17 名多领域专家共同组成的专家团队，对应征方案进行评审，从方案中评选出 3 家优胜方案。最终，由北京市园林古建设计研究院有限公司、北京清华同衡规划设计研究院有限公司和北京城建设计发展集团股份有限公司组成联合体提交的题为"山水相迎，盛世花开"方案成为优胜方案之一，为园区进一步的深化设计和建设奠定了坚实基础。

北京市园林古建设计研究院有限公司作为整个北京世园会园区总体设计协调单位，内化于心、外践于行，以高度的社会责任感和历史使命感，从 2014 年概念性规划到 2019 年 4 月建设完成，为此工作了整整 1800 多个日夜，与其他规划设计以及建设运营单位齐心协力，共同顺利完成了园区规划建设工作的各项要求。

世园会园区不同于一般的城市公园，各主题场馆和百余个室外展园，决定了其用地类型复杂，建设用地规模大，各场馆容积率大小不等，整个园区功能需求与设计技术要求综合程度非常高，而且是一次性建成交付使用的工程项目。另外由于博览会的时效性和综合性特点，设计团队更多的工作是深入现场，根据场地情况、技术工艺、材料材质、生态需求、建设时序、极端天气等实际问题落实设计意图，设计图纸和现场调研照片数以万计，方案设计更是百易其稿。从概念方案至实施方案落地过程中，多学科的跨专业团队，成功解决了大型展会场馆建设与自然山水风景和谐重构的巨大挑战，交出了各方满意的答卷。

"绿色生活 美丽家园"的办会主题和"园艺融入自然 让自然感动心灵"的办会理念通过一张张科学、严谨的设计图纸和一步步扎实、有序的工程建设得以实现。设计图纸上的层层推敲和施工现场的反复斟酌，用匠心追求着"世界园艺新境界 生态文明新典范"的极致之美，一砖一瓦、一草一木更是凝聚了无数世园会设计者、建设者的心血与情感。

北京世园会园区规划设计工作是北京市园林古建设计研究院有限公司继京津风沙源治理工程、滨河森林公园建设工程、百万亩平原造林工程之后，以党的十九大精神为指引，深入践行"绿水青山就是金山银山"的两山理论，建设绿色发展标杆的又一次生动实践。

为总结北京世园会园区规划设计工作成果，更好地探索具有中国新时代特色的绿色发展方式和生活方式，我们组织编写本书，以期为我国生态文明建设提供新思路、新经验。

2019 年 10 月

目 录

序 言
前 言

上篇 综 述
1 世园会发展历程 ·· 002
2 2019 北京世园会概况 ·· 004
3 2019 北京世园会园区规划选址 ······························ 005
4 规划设计历程 ·· 009
    4.1 概念方案征集的收获与启发 ···························· 009
    4.2 综合方案阶段的特色理念与空间布局 ···················· 011
    4.3 实施方案阶段的图纸推敲与现场打磨 ···················· 012

中篇 总体设计
1 现状分析与研究 ·· 016
    1.1 周边山水格局分析 ·································· 016
    1.2 场地内竖向分析 ···································· 018
    1.3 植被现状分析与保留策略 ······························ 019
    1.4 水系现状分析与保留策略 ······························ 021
    1.5 生物多样性保护策略 ································ 021
2 总体布局 ·· 024
    2.1 园区规划分区 ······································ 024
    2.2 园区规划结构 ······································ 024
    2.3 园区总体设计 ······································ 025
3 展园规划 ·· 031
    3.1 展园分区及布展特色 ································ 032
    3.2 展园管控规划 ······································ 034
    3.3 总体景观与建筑布置 ································ 035
4 竖向规划 ·· 036
    4.1 竖向规划理念和原则 ································ 036
    4.2 竖向规划及主要控制点高程 ···························· 037
5 园内交通规划 ·· 048
6 雨洪控制利用规划 ·· 049
    6.1 设计目标与建设思路 ································ 049
    6.2 园区雨水利用规划 ·································· 049
    6.3 世园会妫河滨河湿地与雨洪调蓄 ························ 050

7 种植规划 ···052

　　7.1 植物景观和园艺展示规划总体理念 ·························052

　　7.2 规划亮点——园艺文化引擎、园艺产业引领、行业榜样引导 ·············054

　　7.3 绿地景观的精心规划和精品园艺的重点展示 ···············057

　　7.4 重点区域植物与园艺景观 ·································059

8 配套设施规划 ···063

9 其他专项规划 ···064

　　9.1 公共安全与防灾避险专项规划 ·····························064

　　9.2 声景系统专项规划 ·······································065

下篇　核心景区设计

1 妫汭湖—人间仙境，妫汭花园 ·································068

　　1.1 现状分析与思考 ···069

　　1.2 设计解读与选择 ···073

　　1.3 妫汭湖设计与营建 ·······································081

　　1.4 其他景点设计与营建 ·····································101

2 天田园——高阁邻妫水，平湖映天田 ·························104

　　2.1 区　位 ···104

　　2.2 设计解读与立意 ···104

　　2.3 景点设计与营建 ···119

3 中华展园—公共空间的园艺客厅 ·····························131

　　3.1 中华园艺展示区展园布局与方案演变 ·······················131

　　3.2 中华展园公共空间景观设计 ·······························135

4 园区1号门——"礼乐大门"设计 ·····························139

5 展园设计 ···146

　　5.1 北京园设计 ··146

　　5.2 河南园设计 ··156

　　5.3 企业展园设计 ··164

　　5.4 中草药主题展园"中华本草园"设计 ·······················167

　　5.5 中美洲联合体展园设计 ··································172

　　5.6 加勒比共同体联合展园设计 ·······························173

　　5.7 太平洋岛国联合展园设计 ·································177

后　记 ···181

　　一、规划随笔，设计回望 ·····································181

　　二、参园冶古意，绘世园新图——世园会天田园设计 ·············184

　　三、2019北京世界园艺博览会规划设计顾问团队工作 ·············186

上篇

综述

1　世园会发展历程

世界园艺博览会是由国际园艺生产者协会(Association Internationale des producteurs de l'Horticulure，简写为：AIPH)批准举办的国际性园艺展会，该协会成立于1948年，总部设在荷兰海牙，是随着全球一体化发展进程中各个国家及地区间经济、社会、文化等领域交流合作日益密切和广泛，为了推动世界园林、园艺事业的发展繁荣，由专业人员构成的各加盟国组织成立的国际协会。

世界园艺博览会分为A1、A2、B1、B2四个类别。国际展览局（Bureau International des Exposition，简写为：BIE）将世界博览会分为注册类和认可类。A1类世界园艺博览会既属于AIPH管理的大型世界园艺博览会，又属于BIE管理的认可类世界博览会，即受AIPH和BIE双重管理。A2、B1、B2类世界园艺博览会只属于AIPH管理。某些世园会的类别为A2+B1级，是A2类世园会的"国际性"和B1类世园会的"长期性"相结合的展会。①

世界园艺博览会是园林、园艺领域最高级别的专业性国际博览会，又称世界园艺节。截至目前，世界园艺博览会已在世界各地共举办了30余次，在中国大陆及台湾地区成功举办了8次。

表1-1　世界园艺博览会类别

类别	名称	举办周期	展览时间	参展国家	备注
A1类	大型国际园艺展览会	每年不超过1届	展览会时间最短3个月，最长6个月	至少有10个不同国家的参展者	最小展览面积50hm²；必须包含园艺业的所有领域；同一国家举办A1类世园会需间隔十年以上。
A2类	国际园艺展览会	每年最多举办两届A2类展览会。	展期最少8天，最多20天	至少有6个不同国家的参展者	当两个展会在同一个洲内举办时，它们的开幕日期至少要相隔3个月
B1类	长期国际性园艺展览会	每年度只能举办一届	展期最少3个月，最多6个月		
B2类	国内专业展示会	每年举办的B2类展览会不得超过两届	举办期限8～20天	国内专业园艺、园林、花卉艺术展示，允许部分国外展商参展	最小面积6000m²，其中国外参展单位展出面积不少于600m²。

---

① 1939年，国际展览局正式成立，是负责协调管理世界博览会事务的国际组织，总部设在法国巴黎。截至2016年6月22日，国际展览局成员国共有170个。注册类世界博览会是由参展国政府出资，在东道国无偿提供的场地上建造自己独立的展览馆，展示本国的产品或技术；认可类世界博览会是参展国在东道国为其准备的场地中，自己负责室内外装饰及展品设置，展出某类专业性产品。

中国·扬州	2021 年	◎	扬州世界园艺博览会（A2+B1 类）
中国·北京	2019 年	◎	北京世界园艺博览会（A1 类）
中国·唐山	2016 年	◎	唐山世界园艺博览会（A2+B1 类）
土耳其·安塔利亚	2016 年	◎	安塔利亚世界园艺博览会（A1 类）
中国·青岛	2014 年	◎	青岛世界园艺博览会（A2+B1 类）
中国·锦州	2013 年	◎	锦州世界园林博览会（IFLA 和 AIPH 首次合作）
韩国·顺天	2013 年	◎	顺天湾国际园艺博览会
荷兰·芬洛	2012 年	◎	芬洛世界园艺博览会（A1 类）
中国·西安	2011 年	◎	西安世界园艺博览会（A2+B1 类）
中国·台北	2010 年	◎	台北国际花卉博览会（A2+B1 类）
中国·沈阳	2006 年	◎	沈阳世界园艺博览会（A2+B1 类）
泰国·清迈	2006 年	◎	清迈世界园艺博览会（A1 类）
德国·慕尼黑	2005 年	◎	慕尼黑联邦园艺展
日本·静冈	2004 年	◎	滨名湖国际园艺博览会
德国·罗斯托克	2003 年	◎	罗斯托克国际园艺博览会
荷兰·阿姆斯特丹	2002 年	◎	芙萝莉雅蝶园艺博览会
日本·淡路	2000 年	◎	淡路花卉博览会
中国·昆明	1999 年	◎	昆明世界园艺博览会（A1 类）
加拿大·魁北克	1997 年	◎	魁北克 97 国际花卉博览会
比利时·利戈	1997 年	◎	利戈国际园艺博览会
意大利·热亚那	1996 年	◎	热亚那国际园艺博览会
德国·哥特布斯	1995 年	◎	哥特布斯国际园艺博览会
法国·圣·丹尼斯	1994 年	◎	圣·丹尼斯国际园艺博览会
德国·斯图加特	1993 年	◎	斯图加特园艺博览会（A1 类）
荷兰·路特米尔	1992 年	◎	海牙国际园艺博览会（A1 类）
日本·大阪	1990 年	◎	大阪万国花卉博览会（A1 类）
英国·利物浦	1984 年	◎	利物浦国际园林节（A1 类）
德国·慕尼黑	1983 年	◎	慕尼黑国际园艺博览会（A1 类）
荷兰·阿姆斯特丹	1982 年	◎	阿姆斯特丹国际园艺博览会（A1 类）
加拿大·蒙特利尔	1980 年	◎	蒙特利尔园艺博览会（A1 类）
加拿大·魁北克	1976 年	◎	魁北克国际园艺博览会
奥地利·维也纳	1974 年	◎	维也纳国际园艺博览会（A1 类）
德国·汉堡	1973 年	◎	汉堡国际园艺博览会（A1 类）
荷兰·阿姆斯特丹	1972 年	◎	芙萝莉雅蝶园艺博览会
法国·巴黎	1969 年	◎	巴黎国际花草博览会（A1 类）
奥地利·维也纳	1964 年	◎	奥地利世界园艺博览会（A1 类）
德国·汉堡	1963 年	◎	汉堡国际园艺博览会（A1 类）
荷兰·鹿特丹	1960 年	◎	鹿特丹国际园艺博览会（A1 类）

图 1-1　世园会发展历程图

2 2019 北京世园会概况

  2019 年中国北京世界园艺博览会（简称"北京世园会"，又有"长城脚下的世园会"美誉），选址位于北京市域西北部延庆县，是经国际园艺生产者协会（AIPH）批准并由国际展览局（BIE）认可，中国政府主办、北京市承办的 A1 类世界园艺博览会，是继 1999 年中国昆明世界园艺博览会之后，时隔 20 年后再次来到中国（同一国家举办的最小间隔为 10 年）的最高级别的世界园艺博览会。

  世园会组委会在向国际展览局提交的官方陈述材料中，提出了办会主题、理念、目标，并承诺将北京世园会举办成一届"理念先进、独具魅力、精彩纷呈、服务优良、令人难忘的园艺博览盛会，为世界园艺博览会的历史增添新的光彩"。承诺北京世园会办会期间，官方参展者数量不少于 100 个（包括国家和国际组织）；非官方参展者数量不少于 100 个（包括国内各省、自治区、直辖市参展者，国内外参展企业和个人）；参观者数量不少于 1600 万人次。[①]

---

① 北京世界园艺博览会事务协调局 . 唯美山水画　多彩世园会——2019 年中国北京世界园艺博览会园区规划 [M]. 北京：中国建筑工业出版社，2019.

图 1-2 妫河及海坨山：风景如画的山水为世园会规划建设提供了优质的生态本底

办会主题：绿色生活　美丽家园

办会理念：让园艺融入自然　让自然感动心灵

办会目标：世界园艺新境界　生态文明新典范

本届世园会举办时间为 2019 年 4 月 29 日至 2019 年 10 月 7 日，展期 162 天，期间有约 110 个国家和国际组织参展。

2019 年 3 月 22 日，北京世园会动员大会在北京召开。4 月 28 日，国家主席习近平在北京延庆出席 2019 年中国北京世界园艺博览会开幕式，并发表题为《共谋绿色生活，共建美丽家园》的重要讲话，强调地球是全人类赖以生存的唯一家园。中国愿同各国共同建设美丽地球家园，共同构建人类命运共同体。

3　2019 北京世园会园区规划选址

2019 北京世园会园区选址于北京市西北部的延庆区，距离北京市区约 74km，距昌平新城及河北省怀来县、赤城县约 35km；园区横跨妫水河两岸，东部紧邻延庆新城，西部距官厅水库约 4km，距离八达岭长城和海坨山约 10km。

园区选址于北京的生态涵养带，山水风景如画，生态环境优美，为本届世园会规划建设提供了优质的绿色基底。

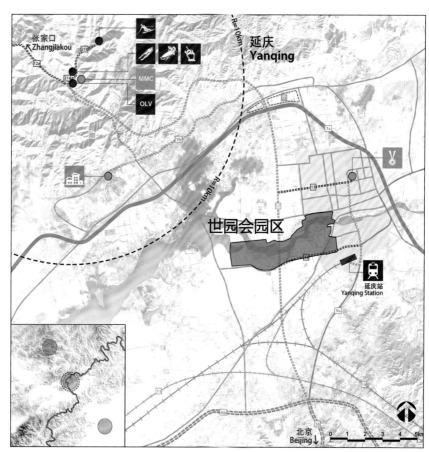

图 1-3　2019 年中国北京世界园
艺博览会区位图

图 1-4　2019 年中国北京世界园
艺博览会区位图

园区总面积 960hm^2，围栏区面积 503hm^2，是园区集中展示世界园艺文化、园艺科技及绿色生态环境的核心区域，主展馆及各类展园均分布于此。

4 规划设计历程

科学的选址、完善系统的规划设计是高质量建设北京世园会基础，高起点规划、高标准设计、多专业协同是北京世园会园区规划设计工作的特点。

从 2014 年概念性规划到 2019 年 4 月建设完成，规划设计工作鏖战五年未歇。从 2014 年 5 月开始，经历概念规划方案征集、概念方案综合规划、围栏区控制性详细规划编制、总体设计和专项设计、深化设计阶段。每一个规划设计阶段都是在不同的深度、尺度和层级上，对场地的再认知，对需求的再梳理，对方案的再创造，对真理的再探索的推演过程。

4.1 概念方案征集的收获与启发

为了广泛汲取国际国内先进的规划设计理念和创意，组织方于 2014 年 5 月向国内外具有与世园会规格和功能相类似的园区规划设计经验的机构发出邀请，征集针对本场地有可能的最佳解决方案。数十家应征者历时三个月的集中高强度工作，从不同角度、不同专业都提供了非常有价值的建议。其中如何将庞大的展会功能融入自然环境中，也都各有新意。

4.1.1 展会融入自然的空间思考——因借山水

与山水相融，是所有应征团队追求的空间目标，有方案将妫河引入园区作为空间搭建的依托，核心展陈内容依水岸分布；也有将原有林田肌理提炼重塑，用现代手法搭建田园骨架，与园外大山水遥相呼应，用田园开阔视野纳周边山水景致，展陈内容依田园肌理呈棋盘式分布；比较多的方案是将园外山水风景引入场地，园内再塑山水空间与之因借融合，为展陈内容提供山水环境依托。但各家对山水空间与布展形式的处理方式又各有创意，有用轴线统领各展区，主要展馆集中布局形成核心区，亦有一心多点集中与分散布局有机组合等等，这些思路对后期的方案综合提供了很有价值的启发。

4.1.2 场地因借山水的灵感起源——自然感动点

规划本底依托方案是由北京市园林古建设计研究院有限公司、清华同衡规划设计研究院有限公司和北京城建设计发展集团股份有限公司组成的联合体提交的主题为"山水相迎，盛世花开"的获奖规划方案。在充分研究展会功能需求后，各分项小组继续深入工作，我们风景园林团队多次进驻场地，感受场地山水空间给予场所的精神，探寻山水自然感动心灵的精神空间。幸运的是我们很快发现了园区承接自然山水的绝妙之处，即妫河拐弯处南岸。此点恰巧所处园区中部，站在这里向西有最长的水上视廊，向北正对山形俊秀别致的冠帽山，山川形胜、图画天然，尽收眼底，直触心灵！这一点正是我们竞赛方案组织空间的灵感起源——自然感动点，完全契合办会理念"让园艺融入自然，让自然感动心灵"的空间精神寄托。

4.1.3 山水视廊搭起空间骨架，确定了园区主要出入口和景观轴线

自然感动点与冠帽山形成了园区最长的南北山水视廊，将其延伸至园区南边界百康路，确立了园区主要出入口和景观轴线，即山水轴线；结合综合交通分析，在延康路设立另一主要出入口，与自然感动点相连，与海坨山相对，形成了另一重要景观轴，即世界园艺轴线，两条轴线的建立，为大山水格局引入园区提供了空间载体，至此控制园区的基本空间结构初见雏形。

4.1.4 柔化直轴线丰富布展空间

传承中国传统造园艺术，柔化直轴线，步移景异，丰富布展空间。为增强场所辨识度，除轴线引导外，主要展馆将起到场地标志物的作用，中国馆与中华展园、国际馆与国际展园、科创馆与科创展园组合式布局，同时给予每个组合片区的公共空间以不同风格特征，提高了室内外观展的丰富度和互通交流的便捷度。这一组合式布展模式亦被方案综合所采纳。

图 1-5   场地南向北鸟瞰图

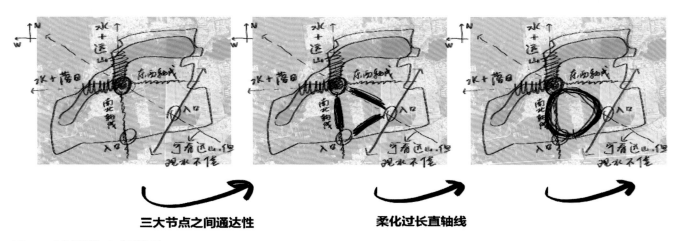

图 1-6   "世园环"生成思路图

图 1-7 投标期间展区特色风貌概念示意

4.2 综合方案阶段的特色理念与空间布局

在方案综合阶段，我们作为核心团队之一，在吸收各方极具价值的建议与启发后，重新回归原点，再次审视场地，逐一核对各项办会承诺对空间的要求。这一阶段的规划工作既高度紧张又必须严谨。组织方组建了由北规院技术总负责，孟兆祯院士、尹伟伦院士、崔愷院士、张启翔教授等领衔的专家顾问团队，国内外规划、景观、建筑、市政、水利、展览、文化、传播等机构和院校共同参与的联合战队，从不同专业角度深入分析研究，为空间规划提供了详实有效的场地基础信息、刚性建设条件、展览综合需求、文化表达策略等等。

经过近一年的反复推敲、论证、研究，确定了一下规划目标、理念和空间结构布局。

规划目标：弘扬绿色发展理念、彰显生态文明成果、推动园艺及绿色产业发展，举办一届独具特色、精彩纷呈、令人难忘的世园会及建设生态文明先行示范区和美丽中国示范区。

规划理念：生态优先，师法自然；传承文化，开放包容；科技智慧，时尚多元；创新办会，永续利用。

空间结构布局：一心、两轴、三带、多片区。

综合规划对交通、市政、展馆、生态等各专项都做了明确定位和建设指引。2015年底，时任国务院副总理汪洋主持召开的北京世园会组委会第二次会议上，审定了《2019北京世园会园区综合规划及周边基础设施规划方案》，为下一步多元主体和多专业协同工作提供了基本遵循。

4.3　实施方案阶段的图纸推敲与现场打磨

进入设计落地阶段，最为关键的是图纸上的层层推敲和施工现场的反复打磨。最完美的理念和构想都要通过设计图纸和工程建设得以实现。由于世园会本身博览的特点、集约式空间形式以及低干扰建设要求，决定了工程任务极其艰巨，规模体量巨大、专业工种庞杂（建筑、园林、生态、路桥、文保、结构、给排水、电气、热力、电信、智慧、燃气、雕塑、音乐喷泉和塑石假山等）、交叉多、协调量大、建设主体多元（主办方、国内外参展者、供应商等）、建设周期紧张、投资限额严苛、审批流程复杂等等。几十支设计团队秉承上位规划确定的目标与理念，直面重压，进入更为艰辛的高强度设计阶段。

4.3.1　园林总图平面落位与地形推敲

在总图定线落位时，设计团队再进场地的首要任务是将规划路网和山形水系与现状植被、地形地势做充分校核，力争对场地良好资源的最大保留和利用。通过丈量式步行踏勘，在生态本底较好的区域，严格划定保护和可展示范围，控制游人规模，最低强度设置生态科普和参观路线。现状5万余株大树的保留以及原有坑塘沟渠结合海绵园区建设等等，一切围绕对场地扰动最小、功能最优、效果最佳、融入自然的设计目标。

4.3.2　核心景观区的画面推敲与场地记忆保留

作为北京世园会标志性展馆，中国馆位于一号门内，山水园艺轴中部，是游览必赏之地。中国馆游览出来（出口位于建筑北侧），将直面世园核心景观区。这里前景是开合变化的妫汭湖面，背景是绵延的军都山脉，可以雕琢打磨形成一幅优美的自然画面。因此在落地阶段，设计围绕场地原有青杨做深化，打造青杨洲，寓意"留住这片青杨就是留住了这块场地的根，留住了乡愁记忆"。青杨洲是原来鱼塘旁边的现状杨林，设计保留后，为了解决现状树与妫汭湖水面将近6m的高差，以军都山石为原型，塑造假山，与海坨山、冠帽山呼应，将"燕山余脉"这一极具延庆地域特色的景观引入园内。湖面之上飞架一座以中国传统木结构（贯木拱）搭建的虹桥将青杨洲连接起来。而在桥的另一侧，一个现代中式坡顶建筑恰如其分地将整个画面点睛，由于其坐西朝东，宜观日出，取名日新苑，寓意"苟日新，日日新，又日新"。青杨洲、飞虹桥、日新苑三个节点串联山水画面，形成一幅远看有势、近看有质的山水长卷。从实施的初步效果呈现来看，表达出了对"天人合一"理想画面的追求。

对场地原有肌理加以保护利用并融入景观是设计实施过程中的一个重要思维，因此后面才会有千翠池的老柳树，让千翠流云景点更有人文韵味；才会有后面一带一路花园中独特的"并秀台"，让园艺有了长城背景。"并秀台"是利用场地原有的一个三角土台，用长城砖加以围砌形成烽火台感觉的台地花园。这些触情生景，景到随机的设计思维让北京世园的景观更具场所特质，也更留住了一分乡愁意境。

由于博览会的时效性和综合性特点，设计团队不仅仅是提供图纸，更多的工作是深入建设现场，根据场地情况、技术工艺、材料材质、生态需求、建设时序、极端天气等实际问题落实设计意图，不忘规划初心，保障园区建设融入自然环境理念的最终落地。

规划到实施方案推演的过程，是通过世园会建设的实践，探索具有中国新时代特色的绿色发展方式和生活方式，为我国城市建设正确处理经济发展与生态环境保护的关系，以及城乡生态文明建设提供新思路借鉴。2019年正值中华人民共和国成立70周年，又是我国决胜全面建成小康社会前夕，北京世园会的举办将成为展示生态文明建设新成果的重要窗口，是建设美丽中国的生动实践，意义重大，影响深远。

中篇

总体设计

1　现状分析与研究

1.1　周边山水格局分析

北京世园会园区坐落在延庆区西部风光秀美的妫水河两岸，地处延怀盆地。区域周边山水如画，隽永绵长，山形水系和自然地形特点突出。场地北侧有妫水河自东向西贯穿而过，园区外东、南、北三面环山（海坨山、冠帽山和八达岭），西邻官厅水库。东南侧背靠八达岭，西北侧视域范围内可远望两座主要山峰海坨山和冠帽山，其中位于西侧的海坨山高度1700m（相对世园会场地），主峰距离园区大约17km；东侧冠帽山高度约为1100m，其主峰距离园区约11km。

结合北京世园会园区周边山水格局分析，以海坨山、冠帽山及周边山水为园区背景，以妫水河为景观延展带，结合场地内适宜的竖向规划可以建立起完整、多层次的开放空间。因此，如何在大山大水之间最大化地保护原有的生态环境，充分利用现存良好的自然山水与生态环境，打造出独具特色、因地制宜的山形水系，成为规划设计的难点和重点。

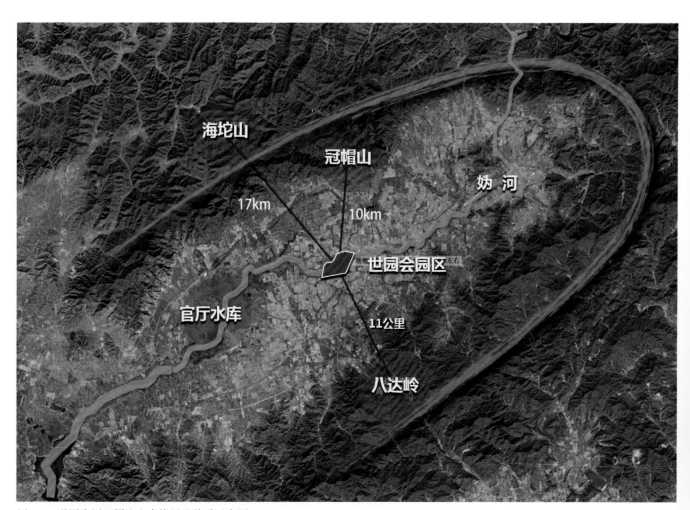

图2-1　世园会园区周边山水格局及关系示意图

海蛇山
距离：17km
海拔：2241m

冠帽山
距离：10km
海拔：1321m

妫河

环湖南路

百康路

图 2-2　世园会园区周边山水格局及关系示意图

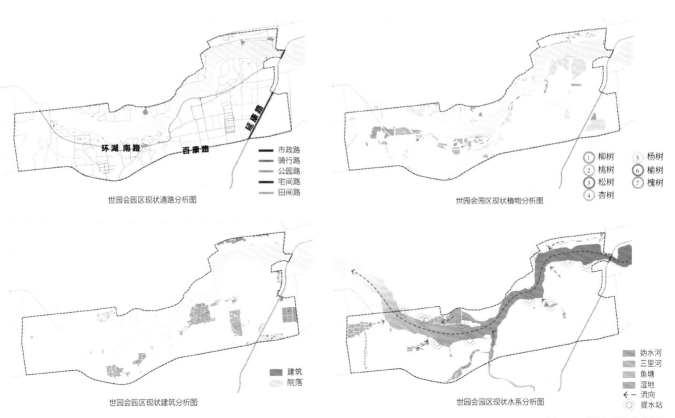

环湖南路　百康路　延康路

——— 市政路
——— 骑行路
——— 公园路
——— 宅间路
——— 田间路

世园会园区现状道路分析图

① 柳树　　⑤ 杨树
② 桃树　　⑥ 榆树
③ 松树　　⑦ 槐树
④ 杏树

世园会园区现状植物分析图

■ 建筑
　院落

世园会园区现状建筑分析图

■ 妫水河
■ 三里河
■ 鱼塘
■ 湿地
← 流向
○ 提水站

世园会园区现状水系分析图

图 2-3　场地现状分析图

1.2 场地内竖向分析

从总体上看，园区场地红线范围内整体平坦，呈现出东南高、西北低的地形特征，场地中间地势较低处局部可见洼地和现状鱼塘。

从周边道路分析看，场地与几条主要市政道路（如延康路、百康路）的衔接上则明显低于主要干道标高，且二者之间常以陡坎的形式交接，在后期竖向规划中需要特别处理。

综合场地内、外地形特征和高程分析可以得出现状总体竖向：场地整体明显呈现东南高（黄）、西北低（绿）的特点；妫水河河道正常蓄水位为477m（北京高程）；围栏区范围内的总体高差为9m，最低点标高为478m，最高点标高为487m。

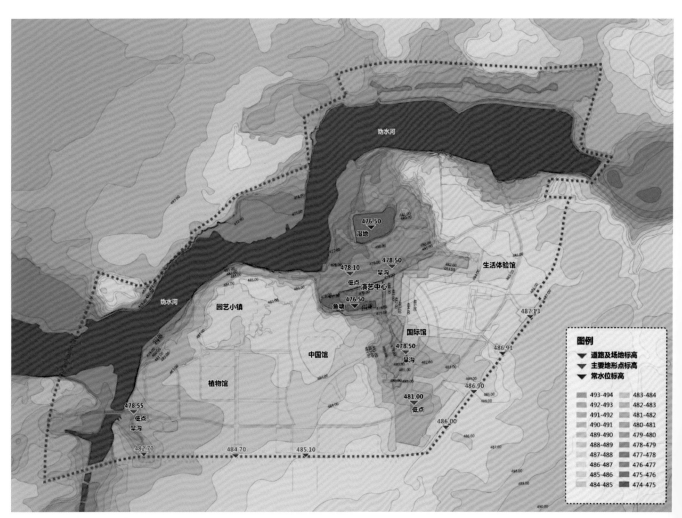

图2-4 围栏区现状总体竖向图

1.3　植被现状分析与保留策略

　　园区现状植被生长较好，具有一定数量的生态群落。场地北侧为妫水河森林公园，现状为密林、湿地，植被以杨树、杏树为主要树种，间以种植柳树、松树、桃树和部分经济林果；湿地植物较为单一，以芦苇为主。南侧现状为农田和道路林网。

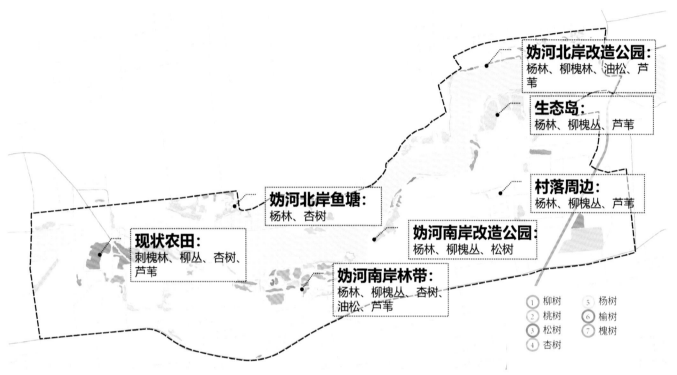

图 2-5　植被现状分析图

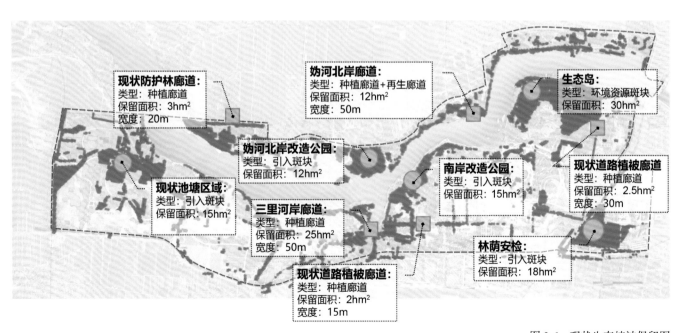

图 2-6　现状生态植被保留图

　　坚持生态理念，注重生态保护，本着尊重园区场地已有的自然生态环境，防止建设性破坏。完善生态植被系统，保留现状植被，营造植物群落，最大限度保护并丰富植物资源。园区共保留约 5 万株乔木，5km 林荫大道，形成大面积林地景观和绿色背景，并提供了绿荫游赏骨架。

■ 现状植物群落结构单一，通过保护和恢复生态环境，丰富植物多样性等手段，经过场地次生植物群落的自然演替，实现会时、会后20年和会后50年形成丰富完整的自然生态系统的目标。

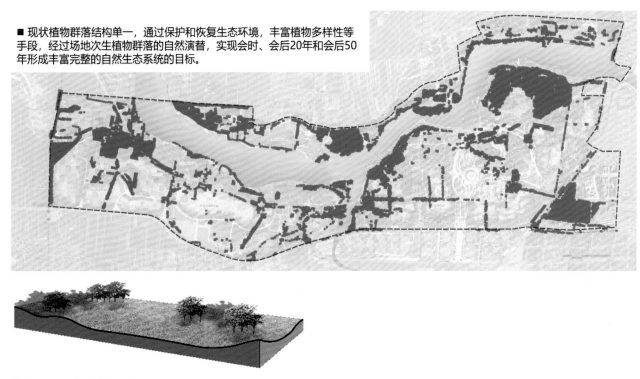

图 2-7　现状植被分析图

■ 会时在现状植被群落的基础上增加植物层次，在低扰动的前提下，形成满足会时展览要求的植物景观。

图 2-8　会时植被群落营造示意图

■ 会后20年，通过人工管理措施介入，和植物群落的自然演替过程，预期发展成为层次丰富，物种多样的复层混交林地，形成具有一定自我更新能力的复杂生态系统。

图 2-9　会后 20 年植被群落情况图

1.4　水系现状分析与保留策略

园区内水域总面积为 273.74hm²，现状水体分布广泛，妫水河、三里河及鱼塘、水渠、湿地等类型丰富。园区内部主要为现状滨河森林公园和农田以及果园、拆迁后的荒地等，存在一处现状湿地、多处现状坑塘以及自然的低洼雨水蓄滞区。区域整体地势由南坡向北侧的妫水河和西侧的西拨子河，地势坡度不大，较为平缓。除妫水河、三里河外，其他水体多为鱼塘、水渠，水域生态系统不完善，缺乏整体水系骨架脉络。

规划保留现状水系构建生态水脉，最优方式保留水系形态。水资源利用方面，收集雨水接入园区景观水系，用于植被灌溉和涵养水源，区域内的雨水可以被充分收集利用起来回补地下水。通过园区内景观用水与生态用水的自我循环、净化，保证展园景观水体水质不低于地表 III 类水质，兼顾提升妫河水质，回补地下。

在保护生态水域面积不减少，保护生态水系驳岸不被破坏，保护生态水系水质不被污染的前提下，借现状景观水系，打造水系安全生态系统，同时创建优美生态水系景观。

1.5　生物多样性保护策略

最优方式保护现有的生物，调查并研究现有的生物群落关系和生物种类、数量，保护栖息地不被破坏，禁止人为行为对现有生物进行干涉，同时创建更加合理的生物生态生境，建设良好的生物循环系统。

■ 图 库塘型湿地（禁建）　　　　　■ 图 河流型湿地（禁建）　　　　　■ 图 地表水源二级保护区（严格限建）

■依据《北京市限建区规划》，园区建设涉及四类、共八项限制性建设要素，具体包括：
　(1) 禁建要素：库塘型湿地、河流型湿地、基本农田；
　(2) 严格限建要素：地表水源二级保护区、市级自保区实验区、一般生态公益林地。

湿地：3hm²
鱼塘：2hm²
鱼塘：4hm²　　妫水河：260hm²
鱼塘：6hm²
鱼塘：3hm²
三里河：8hm²

妫水河
三里河
鱼塘
湿地

图 2-10　现状水系保留分析图

■ **绝对保护**：禁止对河岸形态造成破坏，禁止任意填挖水面，禁止造成河流污染。
■ **相对保护**：满足生态保护和景观基础上可适当调整驳岸形态、调整面积不超过20%。

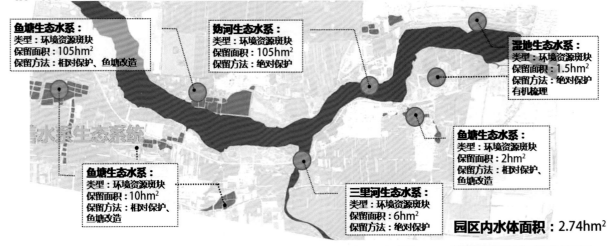

鱼塘生态水系：
类型：环境资源斑块
保留面积：105hm²
保留方法：相对保护、鱼塘改造

妫河生态水系：
类型：环境资源斑块
保留面积：105hm²
保留方法：绝对保护

湿地生态水系：
类型：环境资源斑块
保留面积：1.5hm²
保留方法：绝对保护
有机梳理

鱼塘生态水系：
类型：环境资源斑块
保留面积：10hm²
保留方法：相对保护、
鱼塘改造

鱼塘生态水系：
类型：环境资源斑块
保留面积：2hm²
保留方法：相对保护、
鱼塘改造

三里河生态水系：
类型：环境资源斑块
保留面积：6hm²
保留方法：绝对保护

园区内水体面积：2.74hm²

监测段	ph	溶解氧	高锰酸盐指数	化学需氧量	生化需氧量	氨氮	总氮	硝酸盐氮	总磷	结论
	无量纲				mg/L					妫河目前水质为V类
官厅水库	8.56	9.31	6	24	2.5	0.084	1.56	0.6	0.04	
妫河上段	8.03	11.5	3.4	12	3	0.075	4.37	3.68	0.09	
妫河下段	8.97	13	6.5	28	5.7	0.127	2.19	0.95	0.11	

数据来源：2014年4月1日～4月8日妫河地表水监测报告

■ 划定保护蓝线，蓝线以内不允许建设永久性建筑。
■ 保护现有水域面积，不准挖水填方，缩减水系面积。
■ 保护生态驳岸，避免现状驳岸损坏，修复损坏驳岸，完善水系生态功能。
■ 确定与山形水系规划是否冲突，与园区交通是否冲突，确定保留范围。

图 2-11　妫水河生态水系保护策略

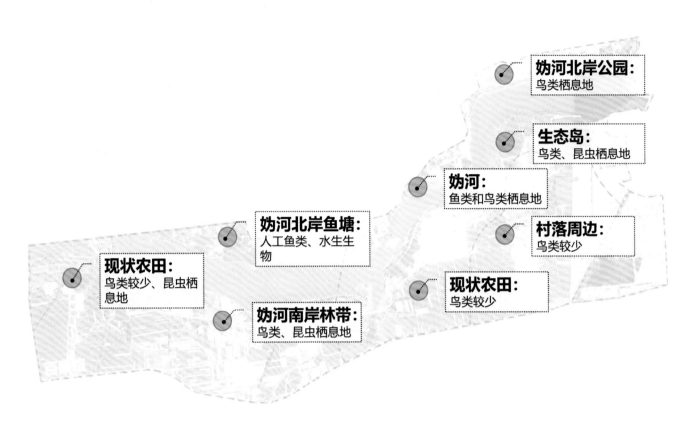

图 2-12　生物栖息地现状分析图

■ 保留、修复、创建包括沼泽、湿地、草地、坡地、林地等森林生物群落区大部分的生境。新增鸟类20余种，新增鱼类15余种，新增两栖10余种，新增昆虫50余种。

现状条件	保留方法	指标因子	现状生物	重要等级	现状生物
生态岛是现状为大面积的毛白杨林和芦苇荡湿地，长势良好。	严禁植被破坏、严禁水系污染，保留毛白杨林，保存生物生境，增加生物多样性，促进生态可持续性。	生物多样性维持和保护	√	极重要	
		水源涵养与洪水调节	√	中等重要	√
		土壤保持与保护	√	比较重要	
		园区生态环境调节	√	一般重要	
		自然与人文景观保护			

图 2-13　生物栖息地营造示意图

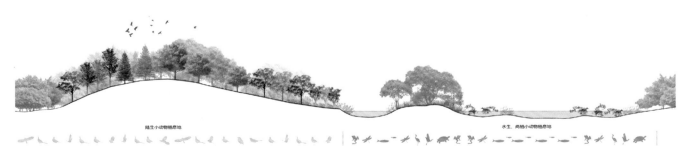

图 2-14　生态岛生物分布剖面图

2　总体布局

2.1　园区规划分区

　　基于生态保护、环境改善和会后利用的需求，落实围栏区、非围栏区和世园村三大分区。其中，围栏区用地面积约503hm²，集中展示世界园艺文化、园艺科技及绿色生态环境，会期实行收费管理；非围栏区用地面积约399hm²，是绿色生活、绿色产业体验区，展示村庄自然面貌，并为围栏区提供配套设施和交通疏散场地；世园村用地面积约58hm²，是会前、会时参展人员办公及住宿配套服务区，会时指挥管理中心和交通组织中心。

图2-15　园区规划分区图

2.2　园区规划结构

　　规划综合考虑展览需求、交通流线、市政配套、园林景观等多种因素，顺应自然地形地貌特点，充分利用现状山水格局，形成"一心，两轴，三带，多片区"的园区整体结构布局。

　　一心：即核心景观区，位于围栏区中心位置，是园内最主要的游赏组织区。包括妫汭湖、天田山、永宁阁、中国馆、国际馆以及演艺中心。

　　两轴：以冠帽山、海坨山为对景，形成正南北向的山水园艺轴和近东西向的世界园艺轴。

　　三带：沿妫河的生态休闲带、串联各大场馆的园艺生活体验带、绿色园艺科技产业发展带。

多片区：围栏区内的融和绽放展示区（世界园艺展园）、盛世花开展示区（中国园艺展园）、心灵家园展示区（自然生态展园）、生活园艺展示区（世界园艺小镇＋人文园艺展园）、教育与未来展示区（园艺科技展园＋儿童园艺展园）；非围栏区的花卉生态示范区、农业观光体验区、绿色生活体验区、生态湿地体验区、生活园艺展示区等。

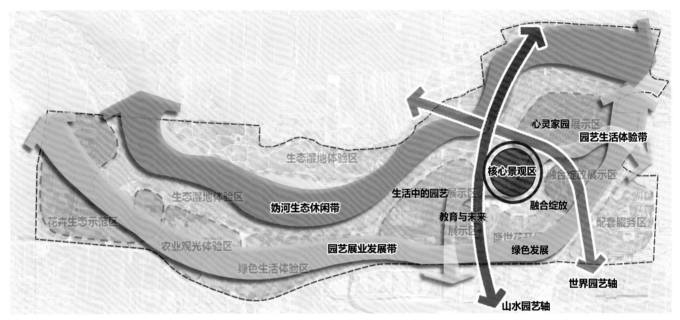

图 2-16　园区规划结构图

2.3　园区总体设计

2.3.1　围栏区总体设计

围栏区内包括"一个核心景观区、两条园艺景观轴、三条园艺景观带和五个园艺景观展示区。

（1）核心景观区：凤衔牡丹，花开妫河

核心景观区位于围栏区中心位置，是园内最主要的游赏组织区。

核心景观区取材尧舜治理妫水、开创华夏文明盛世的典故，形成"凤衔牡丹，花开妫河"的主题，象征着祥瑞、美好、富贵和光明。①

---

① "妫"者，从女，从为。女者，尧的女儿，舜的妻子；为者，以手牵象，象服于人——最初的妫字，形似女子手牵大象。关于妫的记载可见于《史记》《魏土地记》《山海经》等。在尧舜的治理下，华夏古国进入继炎黄之后的鼎盛时期，"上下咸和，百工致功，百谷时熟，百姓亲和，凤凰来翔"的社会渐渐形成。妫汭：即妫水弯曲的地方，本园所处位置便在妫水转弯处。

核心景观区包括中国馆、国际馆、演艺中心、草坪剧场、妫汭湖等重要景观节点。天田山、永宁阁画龙点睛，形成核心景观区的标志性景观。草坪剧场滨临妫汭湖，搭建了一座融合绽放的园艺世界舞台。妫汭湖与妫水河串联，形成一片连绵水泽。

（2）两　轴

● **山水园艺轴：**一首东方神韵的山水园艺诗篇

山水园艺轴位于核心景观区西侧，全长1.2km，南起主入口，北眺冠帽山，以风、雅、颂为题，谱写一首东方神韵的山水园艺诗篇。风的部分，以山水农耕体现风土民情；雅的部分，以山水自然比德于人的仁德功绩；颂，即山水颂，寓意感恩自然，歌颂自然。轴线上的山水林田湖组成了自然与人文的生命共同体。

● **世界园艺轴：**一幅绚丽多彩的世界风情画卷

世界园艺轴位于核心景观区东侧，全长1.4km，南临延康路，北至妫水河，远眺海坨山，通过蝶恋花理念与流动线条的蝴蝶铺装表达国际风情。引种各国花卉，

图2-17　围栏区规划结构图

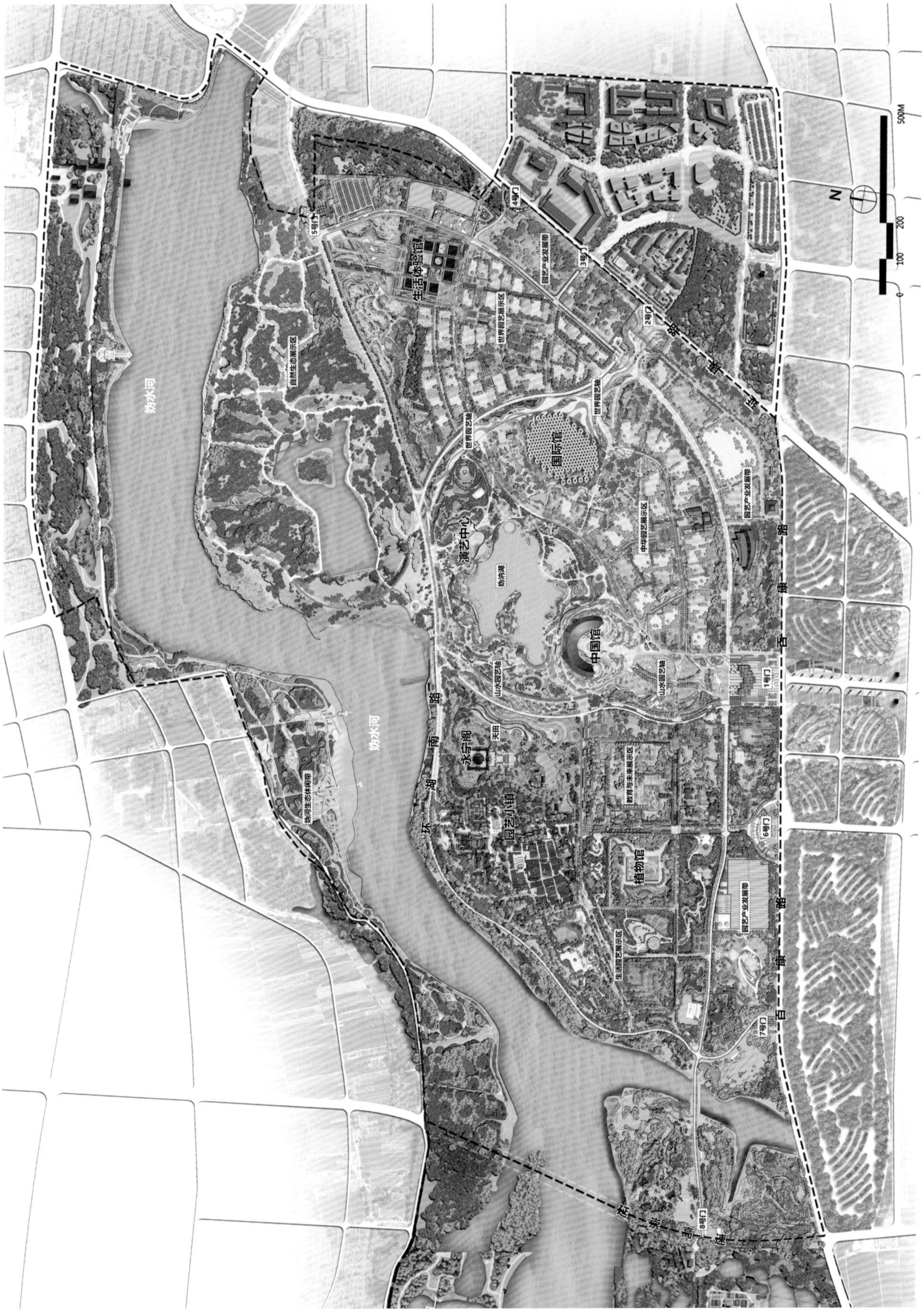

图 2-18 围栏区设计平面图

植物馆

百康路

妫　河

演艺中心

生活体验馆

国际馆

环　湖　南　路

妫汭湖

延康路

打造绚丽的园艺景观；提取蝴蝶元素，展现花引蝶舞的设计理念；抬高部分地形，营造层花叠现的画面意境；增加趣味小品，完善丰富多样的功能需求。

（3）三　带

● **妫河生态休闲带**：自然野趣的生态休闲水岸

妫河生态休闲带沿妫河布局，全长约 8km，规划保护生态水源地，构建景观生态网络，加强生态廊道的连通性，增加生物多样性，营造全生境的生态链，增强生态安全防护，提升自然生态环境的同时提供观赏价值。

● **园艺生活体验带**：丰富多彩的游园体验带

园艺生活体验带串联了五大场馆、一个园艺小镇、两个次要入口和各大功能展园，全长约 4km。沿途设置三大景观段落，分别讲述了植物的萌发与生长，东西方植物的传播，自然界中的人、动物与植物的故事。

● **园艺产业发展带**：绿色科技的产业发展带

园艺产业发展带沿园区与城市建设区衔接之处布局，全长约 9km，沿途设置企业展园、园艺超市和植物温室等设施，规划贯彻市场化、国际化和节俭创新理念，旨在促进园艺产业发展。

（4）五　区

五大园艺景观展示区包括融和绽放展示区（世界园艺展园）、盛世花开展示区（中国园艺展园）、心灵家园展示区（自然生态展园）、生活园艺展示区（世界园艺小镇＋人文园艺展园）、教育与未来展示区（园艺科技展园＋儿童园艺展园）等五个展示区。

2.3.2　世园村

世园村内布局园区管理中心、世园酒店、公寓式酒店、世园村公寓、休闲商业带、交通枢纽、广场与停车场和中心绿地。

园区管理中心承担会时园区应急指挥中心和交通指挥中心等功能；世园酒店、公寓式酒店、世园村公寓、休闲商业带用于满足会前会时参展人员办公、住宿及相关服务配套的需求；交通枢纽、广场与停车场主要服务于会时交通组织需求；中心绿地主要为现状林地保留而成。

2.3.3　非围栏区

非围栏区是展示美丽乡村建设典范的重要景观区，在自然生态基底上，布局花卉生态示范展区、观光农业体验区、绿色生活体验区和生态湿地体验区等四类展示区。

非围栏区内保留大丰营村、小大丰营村、大路村三个村庄的村庄居住用地，通过提升环境品质、改善生活配套水平、促进产业升级，在会时、会后展示村庄特色风貌。

3　展园规划

　　根据对国际组织的办会承诺，"2019 北京世园会办会期间，官方参展者数量不少于 100 个（包括国家和国际组织）；非官方参展者数量不少于 100 个（包括国内各省、自治区、直辖市参展者，国内外参展企业和个人）"，规划设置了中华园艺展示区（中华展园 34 个）、世界园艺展示区（国际展园 50 余个）、生活园艺展示区（百果园，百草园，百蔬园等）、教育与未来展示区（大师园 5 个，儿童园和企业园等）、自然生态展示区、园艺产业发展带（企业展园 5 个），并预留了场地。

图 2-19　展区布局及展示内容

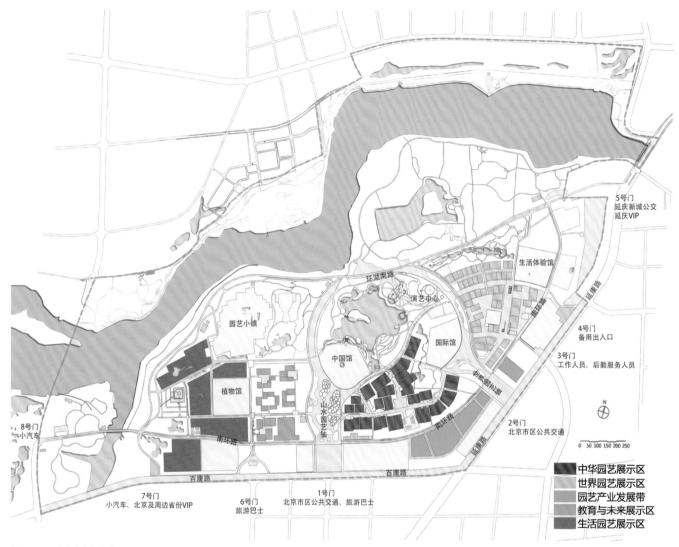

图 2-20 展园布局图

3.1 展园分区及布展特色

3.1.1 中华园艺展示区

中华园艺展示区位于山水园艺轴及中国馆东侧，世界园艺轴及国际馆西侧，南接园区主干道（园区南路），北临园艺生活体验带与核心景观区妫汭湖相望。中华园艺展示区的特质是最具中国特质、最具文化特色、最具地方特点的园林园艺荟萃区。

中华园艺展示区占地约 25hm²，规划布局 34 个室外展园，展园数量与我国行政区划一一对应，包含全国各省区市及港澳台地区。各展园统一的展示主题为"盛世花开"，在这一主题引领下，各展园依据自身地域特色展示各省、自治区、直辖市、港澳台地区园林园艺的文化精髓和特色风貌，构建既和谐统一又独具特色的盛世图景。

3.1.2　世界园艺展示区

世界园艺展示区位于世界园艺轴东侧，园区南路西侧，北临自然生态展示区，南接园艺科技发展带，并与围栏区二号门相邻。

世界园艺展示区占地面积约 28hm²，以国家和地区为参展单位（共计 55 个展园），展示世界多彩的园艺风格。整体设计突显最具国际范儿，最具异国风情，最具文化融合的特质，在展示来自世界各地不同地区的园艺文化、园艺水平的同时，还要体现"融合绽放"的展区主题。

3.1.3　生活园艺展示区

生活园艺展示区位于山水园艺轴西侧，环湖南路南侧，百康路北侧，是六个片区当中最贴近百姓普通生活的园艺展示片区。

生活园艺展示区占地约 56hm²，以草药和果蔬园艺为主要的展示内容，诠释"生活园艺"这一核心主题，以园艺小镇、植物馆为依托，形成最贴近生活、最自然亲切的园艺展示片区。

3.1.4　教育与未来展示区

教育与未来展示区北临天田及园艺小镇、东临山水园艺轴，西侧依托植物馆，南接园艺科技发展带，场地区位临近 1 号门、6 号门。

教育与未来展示区占地约 13hm²，以"教育与未来"为主题，形成最科技互动、最寓教于游、形式最丰富的特色展示区，展示最新、最时尚的园艺，同时展示富于创意性的园艺作品，展示生动、活力、趣味性、互动性强的园艺内容。

3.1.5　自然生态展示区

自然生态展示区共分为北岸、南岸两部分，总占地面积约 50hm²，其中核心展示区位于妫河南岸，南临环湖南路。

自然生态展示区依托自然本底，结合湿地净化、乡土植物展示等内容展示生态、休闲方面的园艺内容，营造最生态、最亲近自然、最放松舒适的展区特质。

3.1.6　园艺科技发展带

园艺科技发展带位于围栏区东南，北临园区主干路（园区南路），东临延康路，南临百康路，便于会后与城市发展对接。

园艺科技发展带占地约 21hm²，呈带状分布，是最具前瞻性的展示片区，展示企业对绿色理念的理解和尊重，同时也为企业提供宣传、展示和推广的平台。

3.2　展园管控规划

3.2.1　展园管控规划原则

有机延续——从全园层面统筹考虑个体展园表达，充分遵循上位规划理念和目标。

以人为本——从参观者、参展者、运营者多重视角考虑问题，满足各方参会需求。

特色引导——针对不同展区进行景观特质和展示内容差异化引导，提升品质、丰富体验类型和内容。

分区管控——根据展园区位与周边环境关系，建立分区管控体系，使整体环境协调。

3.2.2　展园组合及拆分模式

借鉴往届世园会、园博会等博览会展园组合模式，提出如下展园退线控制及拆分模式。

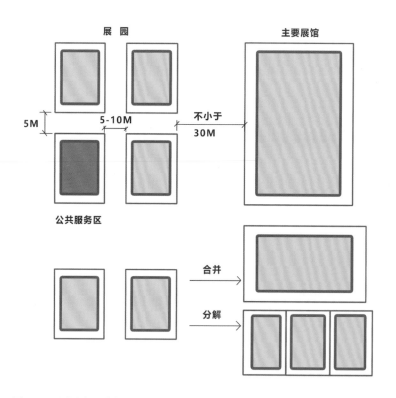

图 2-21　展园布局分析图

（1）展园双红线控制六大展示片区中，尤其是中华园艺展示区与世界园艺展示区，由于展园数量众多、布局密度较其他展区来说过大，为保证会时营造丰富的展览游赏体验的同时，还须考虑展园整体在朝向公共景观区的观赏面仍然保持和谐、统一。因此在展园的组合方式上，首先强调各展园之间的红线距离控制。此次展园规划包含两个层面的红线控制内容：一是建筑与道路距离控制，即展园红线与外围道路红线距离 5m，展园与建筑距离不小于 30m；二是展园组团与主要道路临界面的间距控制，即展园组团间间距 5～10m，展园与公共服务区距离不小于 5m。

（2）展园间的合并与分解如图所示，为确保展园资源平衡、避免供需差异、增强展园组合的灵活性，根据参展地区、企业及相关团体对其用地大小的不同需求，标准单位的展园可以进行重新合并和再分解。

3.3　总体景观与建筑布置

3.3.1　景　观

（1）展览展示布展应以展示园艺植物、园艺材料、园艺技术为主，突出"园艺"博览会。

（2）植物严格保护和利用现状植物，新植的永久保留植物应为适生品种。

（3）出入口需按照本导则中 03 分区引导明确的出入口方向进行组织，园内外交通要顺畅衔接。

（4）退线需在退展园红线 3m 的空间内做绿化隔离，临时建筑需退红线 6m，临时展示设施需退红线 3m。

（5）竖向，展园四至边界及标高需严格按照技术条件进行控制，地块边界内外高程应接顺，贯彻"海绵城市"建设理念。

（6）照明需考虑展园夜景效果及夜间游赏需求，并与全园夜景相协调。

（7）无障碍设施，根据 AIPH 相关要求，展园需满足无障碍设计规范，无差别地向残疾人开放。

（9）材质要求，构筑物宜采用本土化、可再生材料以及低能耗材料进行建设。铺地应以透水材料为主，宜选择可生物降解、可循环利用的绿色环保材料，并结合功能和景观设置雨水收集系统。

3.3.2　建　筑

以室外园艺展示为主，确需以室内形式展示的建议使用临时建筑或设施（注：所有展园内的建筑均为临时建筑）。

（1）展园绿地率≥ 70%。

（2）建筑限高 9m。

（3）建筑内涉及商业活动的面积不得超过建筑总面积的 20%。

4　竖向规划

4.1　竖向规划理念和原则

本次规划以2019世园会综合规划为基础，依据妫水河及官厅水库防洪需求及相关文件要求、2019世园会展会期间的空间布局、功能与建设规模、交通组织、游览安全等情况，综合园区规划涉及到的各方面因素，提出了园区竖向规划的理念和原则，为后续竖向设计和关键点高程的控制奠定基础。

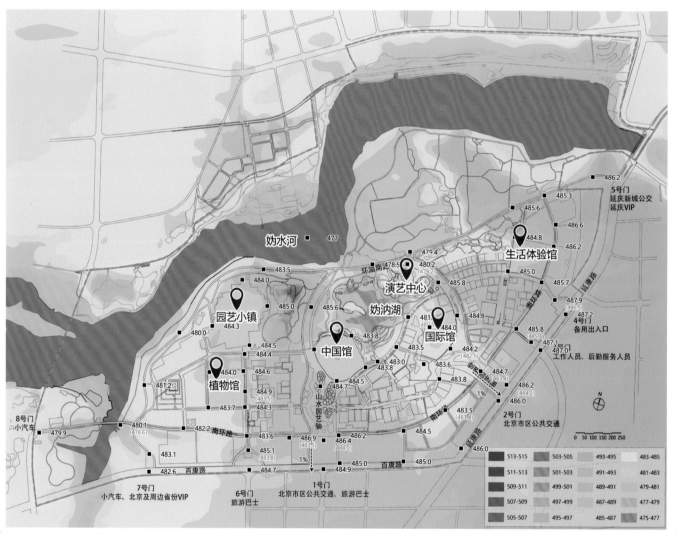

图 2-22　竖向规划图

4.1.1　竖向规划理念

（1）充分尊重现状

园区位于妫水河两岸，呈东高西低，南高北低的总体地势，除河道外大部分场地平坦。规划充分尊重场地现状，保留整体地势和现状水系，不改变园区总体排水方向，同时利用现状鱼塘和水渠，构建园区水系，挖方就地平衡塑造园区微地形。

（2）借景远山近水

园区北望海坨山、冠帽山，南眺八达岭，近看妫河自东向西流过。规划借景远山近水作为背景，在妫水河转弯处，塑造主山主湖作为中景，利用现状废弃鱼塘，拓展形成妫汭湖，挖湖土方就地平衡塑造为天田山，呈现山花烂漫、与自然融为一体的梯田景观。

（3）注重景面文心

规划注重景面文心，彰显中华民族风景园林独一无二的文化特色。主山与园艺展示结合，塑造山花烂漫的梯田景观，体现传统生态的农耕文明，主湖结合场地文脉——舜居妫汭，体现中国先民利用水、开发水、为农业和园艺服务的中华智慧。

（4）山水气脉贯通

规划运用中国传统叠山理水手法，视山形水系为一体，山为实，水为虚，虚实融合，形断意连；以天田、妫汭湖为核心，以山体余脉、溪流水系为配景，主宾相宜，气脉贯通。

4.1.2　竖向规划原则

竖向规划不仅仅与现状地形和高程相关，还涉及到园区整体空间布局、功能需求和公共景观美化设计等多方面因素。竖向规划原则在总体上共分为以下五个层面，包括规划层面、景观层面、园艺展览层面、海绵园区层面和经济层面。

（1）规划层面——符合控规、河道蓝线和防洪排涝等相关文件要求。

（2）景观层面——塑造各具特色的场地空间。

（3）园艺展览层面——搭建展示背景和营造小气候。

（4）海绵园区层面——满足园区雨水控制和利用要求。

（5）经济层面——尽量保留现状高程和植被，减少土方工程量。

4.2　竖向规划及主要控制点高程

以竖向总体规划提出的理念和原则为理论指导，在园区场地现状分析的事实基础上，本次竖向规划总体保留现状竖向，局部挖湖堆山以塑造主山（天田山）和主湖（妫汭湖），充分结合现状规划全园水系和地形。

重点从以下四个主要方面控制关键点高程，包括主山（天田山）、水系（含妫汭湖）、建筑室外地坪和道路竖向。

4.2.1　主山竖向控制

（1）主山选址

主山选址主要由以下几个因素确定：

①保证主山位于俯瞰全园和区域大山大水的最佳视点，紧邻妫水河（俯瞰妫水河的最佳点），以形成山水贯通的空间；

②其选址至少位于场地现状标高的 479.9m 以上，该高程为妫水河 50 年一遇水位之上；

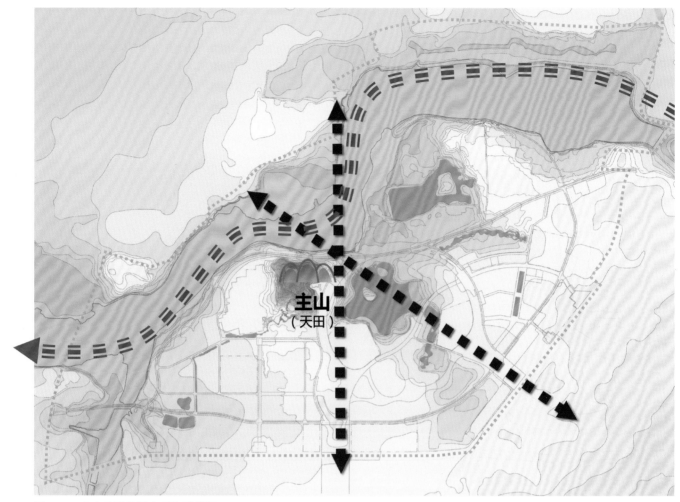

图 2-23　主山选址及周边环境示意图

③除此之外，选址还需要保证不影响官厅水库库容量，即高程需要位于 483.8m
以上；

④应位于综合规划中两条园区主要轴线——山水园艺轴和世界园艺轴的交汇区
域，从而保证引主山导视线的作用；

⑤场地盛行西风，选址在此有利于营造小气候。

（2）主山案例分析

为了给主山高度的确定提供参考和合理依据，本次规划对经典的叠山理水案例
进行了对比和研究，分别从主山高度、山体建筑体量、最长视轴和最佳观赏点几个
方面予以分析，以此为依据对天田山与主湖关系、山体四面坡度和竖向高程等进行
控制。

（3）主山与周边环境关系

天田山与周边环境（山水）关系可概括为：远眺冠帽山，外望妫水河，内瞰妫
汭湖。在初步确定山体高度之前，我们对奥林匹克森林公园的仰山、颐和园、北海
以及景山四处园林的山体进行现场考察和土方分析，为本次山体设计提供了重要的
参考数据。综合考虑山体与周边建筑和环境关系、地质条件、土方工程量和周边河

山水关系
远眺冠帽山，外望妫水河，内瞰妫汭湖

图 2-24　主山与周边环境关系（山高及视线分析）示意图

道湖泊驳岸等安全因素，对比上表中各经典园林的山体高度，山不宜太高，经过几次专家论证会之后，确定主山最高峰约 25m（相对入口广场高度），海拔 510m。

该高度近可俯瞰核心区整体景观，远可眺望冠帽山，海坨山和南面八达岭，视野开阔，同时堆山土方量也比较合适。

表 2-1　主山规划——山体案例对比与分析

主山案例研究方面	北京北海公园	北京颐和园	虎丘	北京奥森南园	西安世园会	武汉世园会
主峰高度（m）	32	60	34	48	40	24
建筑高度（m）	35.9	40（不在山顶）	48	—	99	—
坡度	18%～36%	10%～27%	17%～19%	10%～28%	8.7%～34%	8%～19%
纵深（m）	300	500	380	500	400	300
面宽（m）	240	1100	370	700	600	480
面积（hm²）	6.5	42	—	34	18.5	11
最佳拍照点到主峰距离（m）	300	400	300	600	500	370

（4）主山山形与坡度

在主山山形的塑造上，力求"南缓北陡，富于变化"。与此同时，还要保证主山山体的四面均有观赏性，具体来说：①南面缓坡面向山水轴，为花田创造了最佳展示面；②北面面向妫水河，坡度较陡，形成大水与山阁的对比关系；③东临妫汭湖，形成山环水抱之式；④西至园艺小镇，形成镇与山阁的呼应关系，成为小镇秀丽的景观背景。

（5）主山竖向控制

综上，将主山山顶高程控制在510m（北京高程）左右，相对于山脚山水园艺轴高程485m，相对高差为25m。

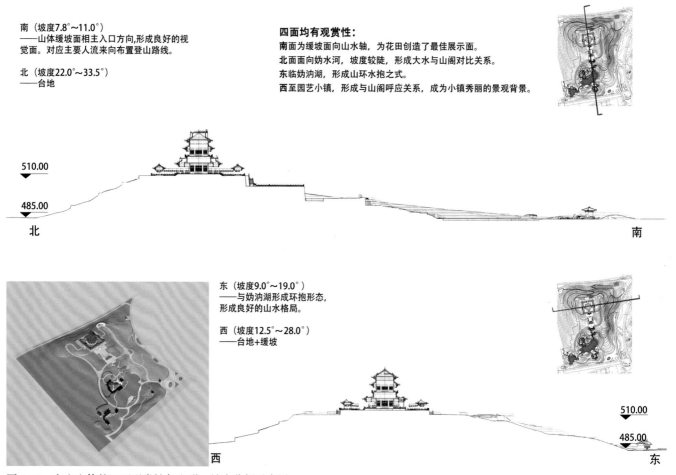

南（坡度7.8°～11.0°）
——山体缓坡面相主入口方向,形成良好的视觉面。对应主要人流来向布置登山路线。

北（坡度22.0°～33.5°）
——台地

四面均有观赏性：
南面为缓坡面向山水轴，为花田创造了最佳展示面。
北面面向妫水河，坡度较陡，形成大水与山阁对比关系。
东临妫汭湖，形成山环水抱之式。
西至园艺小镇，形成与山阁呼应关系，成为小镇秀丽的景观背景。

东（坡度9.0°～19.0°）
——与妫汭湖形成环抱形态，形成良好的山水格局。

西（坡度12.5°～28.0°）
——台地+缓坡

图2-25　主山山体的四面观赏性与山形、坡度分析示意图

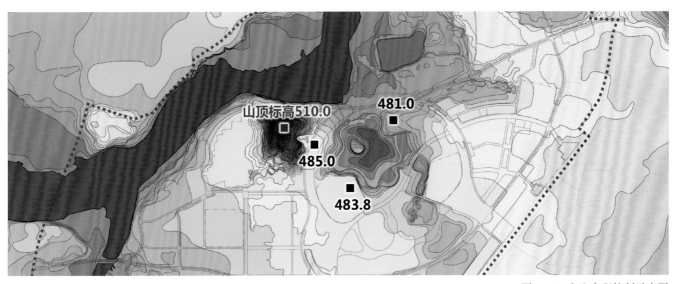

图 2-26 主山高程控制示意图

4.2.2 水系竖向规划

（1）主湖选址及规模

妫汭湖选址及规模如下图所示，主要由以下两方面决定：①选址上，围栏区现状存有大片鱼塘，地形标高 476.5m，地势全园最低，同时与妫水河紧密相接，便于排水和引水；②规模上，主湖应起到联通主山和三大场馆的作用，以通透的水面空间融合、营造出核心区主景观。

（2）主湖案例研究

此外，为更加合理地确定出最适宜的主湖规模，本次规划又分析和对比了几个类似规模的公共景观中的主湖案例，从水域面积（包括主湖长短轴的长度）、主山及塔高和主建筑临湖面宽三个方面进行分析，并以此为依据对妫汭湖最终的面积大小、视线轴长及园区整体水系的竖向标高等予以进一步控制引导。

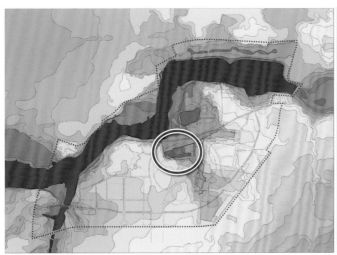

图 2-27 现状鱼塘和主湖选址分析图

（3）园区水系竖向规划

"理水"并非仅是对主湖进行规划，还需要结合现状地势利用理水手法、满足园区排水要求，塑造出空间更丰富、类型更多样、分布更广泛的水景，以求形成一个整体又联动的体系。

首先，对于妫汭湖的水深确定就需要从园区整体角度考虑和分析。湖区水体深度不仅需要满足游客安全和填、挖方的基本平衡，还需要考虑其深度是否有利于水质净化、水体联动和多层次景观的营造等，因此规划妫汭湖最大水深值为3m，平均水深为2m，其中常水位标高477.5m，湖底标高474.5m，驳岸标高为478.0m——在保证最有利于水质净化的前提下，使湖区水体由浅及深，形成层次丰富的颜色变化。

其次，规划园区水系总规模18.4hm²，水系布局以妫汭湖（7.8hm²）为中心，对紧邻妫水河南岸的现状湿地区域予以更新（6hm²），同时在东、西两个区域中也规划出各自的低洼水系，其中东部水系1.09hm²，西部水系2.5hm²，在国际馆与妫汭湖之间还存有现状条带形低地，于此设置有11hm²的溪流，满足集水和多层次景观的需求。以此为基础又利用现状地形，在地势较低处、各主要区域之间有园区给排水需求的地点，进行类型多样的水系空间布局，包括湿地、河流、溪谷和主湖相对

表2-2　主湖规划——主湖案例对比与分析

主湖案例研究	2011年西安世园会	2015年武汉园博会	2016年唐山世园会	2008年北京奥森公园	2019年北京世园会
主湖面积（hm²）	27	4.15	100	28.7（奥海）	7
主山/增高（m）	99（塔）	22	33（龙山）	48（仰山）	25（天田）
主建筑临湖面宽（m）	70	260	220	140	中国馆180演艺中心140

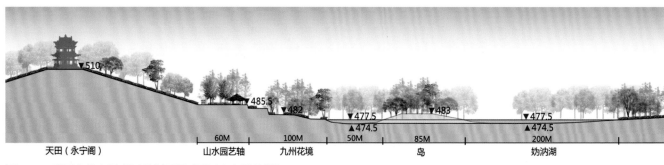

图2-28　世园会核心景观区总剖面图（天田山和妫汭湖）

国际馆面宽90米

中国馆面宽180米

宽度：400米

妫汭湖
7hm²

长度：150米

长度：250米

长度：450米

演艺中心
面宽90米

图 2-29　北京世园会主湖（妫汭湖）规模与三大主场馆体量分析

图 2-30 天田园水体分布图

天田园水体分布在园区南侧、主山与余脉之间，形成山中有湖的天然景观，总面积 7160m²。整个水体自成一脉，动静交呈，由源头至湖面大体为"泉、池、瀑、溪、湖"五种形式。水体设计始于永宁阁南侧下层平台的水池，池内设涌泉，寓意水源。紧接源头置飞瀑，引淙流曲溪于沟壑之间，汇入山脚下的人工湖内，构成山水相依的空间格局。主湖面东西长 107m，南北宽 42m，湖水可倒映整个天田山永宁阁。湖面由两个园桥分成大、中、小三处。

开敞的水面等等。以上过程中还着重突出地域与景观园艺的关系，形成与主湖形断意连的整体水系。

再次，本次规划进水水源为再生水和妫水河水体，而出水排至妫水河及下游河流域。此外，还在全园设置了三个小型的水循环，以最大限度保证妫汭湖退水流经湿地区域，充分改善水质之后最后排入妫水河。

4.2.3 建筑室外地坪

根据以上文件要求，本次规划将园区内主要建筑——中国馆、国际馆、植物馆、生活体验馆、园艺小镇及产业带等永久建设用地高程控制在 483.8m 以上。演艺广场（临时）主体设施位于 481.0m 标高，布置在行洪控制线以外。

4.2.4 道路竖向规划

对园区内部衔接各展区、游览区和核心景观区的主要道路高程控制依据以下原则：一是场地整体尊重现状高程，不做大的调整，局部适当处理保障排水；二是对接外围市政路高程，保障入口衔接顺畅。

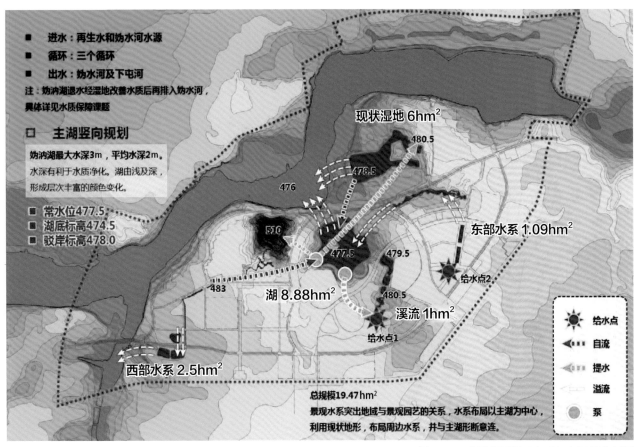

图 2-31　世园会围栏区水系竖向规划分析图

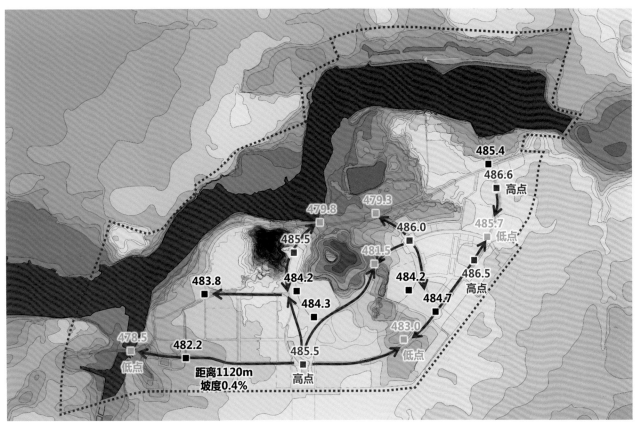

图 2-32　园区内部主要道路高程控制图

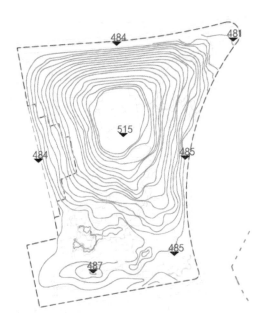

a. 一稿

2016年8月最初方案的山体走势与妫汭湖形成山环水抱之势，主山位于场地北侧，南侧为余脉，主山基底面积8hm²。山顶位于场地中间，山体坡度南缓北陡，面向主入口。北侧坡度为坡度相对较陡，山体设计东南、西南、东北和西北四条山脊线。山体的南坡与东坡分别设计两条源自山顶的跌水。初版方案山体东西南北四面坡度无明显差异，山水比例关系失衡，水体面积过小。主山的西坡超出红线范围，主山与余脉的体量和高度悬殊过大。

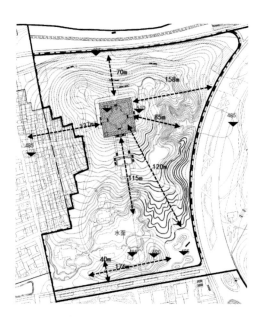

b. 二稿

2016年8月末针对第一版方案存在的问题进行了进一步的调整，保留原有山水布局，调整四面坡度以及山水的比例。南北两坡面形成明显对比，由于北侧坡度稍陡，本次方案提出以台地挡墙来解决高差。在山体的南坡和东坡分别增加山谷，结合山谷设计跌水和瀑布。南侧坡度较缓，水系自半山腰处开始，在平地上汇成稍大的湖面。东侧山体坡度较陡，水体设计两级瀑布，与南坡水体形态稍作区分。

c. 三稿

在上一版的基础上对山形进行了进一步推敲，将东侧瀑布取消，山谷加深转化为壑，使得山体富于变化。南部水系稍往西移，湖面面积扩大。主山坐落在中轴线上，与主湖环抱，多以远观为主。山顶待建永宁阁，阁高25m，体量较大，对山体稳定性要求较高。2016年11月，经过岩土专家对第三版山体方案论证，建议将山体东侧的"壑"调整至南侧缓坡处，山体南侧起坡线局部后退，水面局部扩大。

图2-33　山形水系建构过程图
遵循"先立主宾，再分峦向""负阴抱阳""山环水绕"的传统筑山理水手法。大的布局确定之后，对山体走势进行深化设计，该过程历经几次专家论证，数次修改之后确定最终方案。

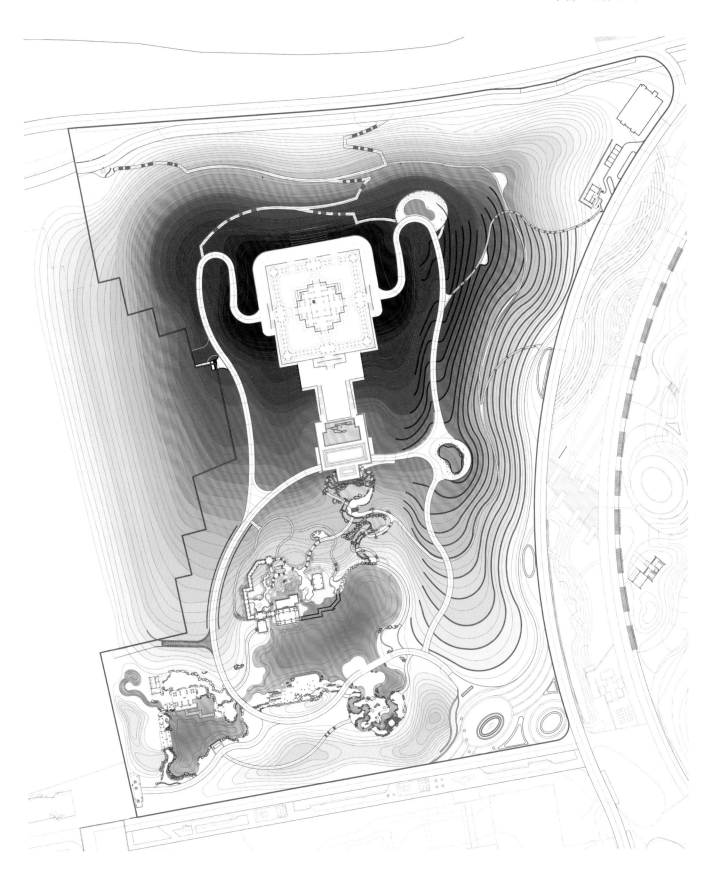

d. 四稿（终版）

相较于上一版，减少了山体等高线的曲折萦绕，仅保留南坡的沟壑，东西两坡面调整为缓坡，北坡保留上一版的台地挡墙的形式，落实了挡墙的具体高度。岩土工程采用了分层碾压的施工方式，主山体的填筑压实系数 0.93，山体表层 3.0m 厚的土体因园林种植的需要其压实系数 λc 在 0.90 左右，山体表面有 1.5m 厚种植土，山顶建筑平台压实系数 0.95。

5 园内交通规划

依托先进技术和智能管理，打造以人为本的复合交通系统，并充分展现园艺特色元素，为游客提供安全、舒适、便捷的交通服务。

打造"一心，一环，四圈"的交通组织结构：

"一心"为环绕核心展区的交通环，串联中国馆、国际馆、演艺中心以及中国展园和国际展园。

"一环"在现状环湖南路的基础上，形成环绕整个围栏区的交通干线，串联诸多展园和场馆。

"四圈"主要承担各大展示区内部的交通组织，在每个"圈"内形成与用地功能布局相适应的网络化步行系统。

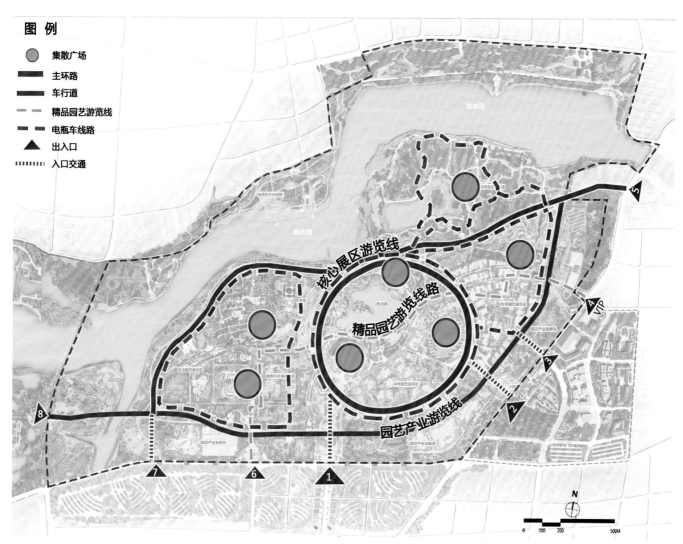

图 2-34 围栏区内部组织方案

6　雨洪控制利用规划

2019 北京世园会在强调生态发展的前提下，提出了海绵园区的建设理念，将园区本身作为一个海绵个体，进行雨水存蓄与再利用。雨水到来时将在园区内自行消化与储存，在需要时用于园区内灌溉及日常用水的供应，形成一个完整的收集——再利用的循环，保证园区建设不会对城市水网造成额外负担，形成园区内雨水系统的可持续发展。

6.1　设计目标与建设思路

6.1.1　设计目标

（1）本区域除环湖南路以北的现状大面积自然林地保留区基本维持现状的汇水、排水机理不变外，新建与改造区域雨水年径流总量控制率实现不小于90%。

（2）本区域雨水排水以地表生态边沟为主要排水设施，沟渠设计雨量计算重现期取 5 年。

（3）本区域雨水汇入地表水体前应经过沿途的植草沟、砾石过滤带、雨水花园、人工湿地等净化设施净化，并在妫汭湖、西部常蓄存水体内部设置全体系的水生态净化系统，同时设置循环与湿地净化系统，保障地表水体水质不低于地表Ⅲ类水水质标准。

6.1.2　建设思路

园区在雨水系统设计过程中，充分利用现状地形地势、水文机理、自然条件、地质条件以及规划设计中构建的园林布局、湿地和水系水体条件，充分发挥绿地、水系等生态系统对雨水的吸纳、蓄渗、截污净化和缓释作用，有效控制雨水径流，做到雨水自然渗透、自然积蓄、自然循环，结合人工措施汇水、滞水、导水、近自然净水，形成整个园区的仿自然的生态水脉，并结合蓄滞湖体的水体溢水系统设置保障园区雨洪安全的溢水、泄水、排水措施。

在规划区及周边城市建设用地，采用单元式海绵城市开发蓄水单元，采用蓄水湿地、雨水花园、下沉式绿地、路边植草沟、道路透水铺装等设施，将雨水储存在蓄水单元中，进行初步净化，下渗进入地下水。雨水过后，地下水层补给河流水源。

6.2　园区雨水利用规划

现状竖向：东高西低。中间低洼地现状水系：妫河、湿地、鱼塘、沟渠。基于现状高程的排水方向将场地分为三大排水分区：一、功能湿地排水区；二、妫汭湖排水区；三、西拨子湿地排水区。

（1）功能湿地排水区：面积 98.59hm²，年雨水总量为 58.66 万立方，年径流控制率 85% 情况下，设计降雨量为 32.5mm，需要调蓄量为 0.96 万立方，可通过雨水湿地来调蓄（径流系数按 0.3 计算）。

此部分雨水主要通过自然下渗间接利用，其余做为湿地景观用水回用。

（2）妫汭湖排水区：110.00hm²，年可收集雨水总量为 65.45 万立方，年径流控制率 85% 情况下，设计降雨量为 32.5mm，需要调蓄量为 1.07 万立方，可通过妫汭湖来调蓄（径流系数按 0.3 计算）。

此部分雨水主要通过自然下渗间接利用，其余做为妫汭湖景观用水回用。

（3）西拨子湿地排水区：面积 91.58hm²，年雨水总量为 54.49 万立方，年径流控制率 85% 情况下，设计降雨量为 32.5mm，需要调蓄量为 0.89 万立方，可通过 LID 设施调蓄。

6.3 世园会妫河滨河湿地与雨洪调蓄

6.3.1 妫河缓冲带滨河湿地建设目标

对于园区内现有湿地（包括库塘湿地与河流湿地）进行保护建设缓冲带；

防治园内非围栏区的大面积农田所产生的面源污染通过表面径流进入妫水河建设缓冲带。

6.3.2 策 略

对于园区内现有湿地建设湿地核心保护区 - 缓冲保护区的保护缓冲带；依据地势分析与径流分析，建设的"雨水花园 – 缓冲带"，对农业面源污染进行过滤。

在对退化湿地进行修复和植物群落营造的基础上，构建"水生植物 – 鱼类 – 浮游生物 – 底栖生物"的水生生态系统，主要包括湿地鱼类、湿地两栖类与湿地底栖类。

6.3.3 建立"植被带、草沟、生态护坡"三道生态防线

规划范围内河道两岸均为自然护坡，建议将自然驳岸的河道建成城市湿地景观亮点，采用"植被带、草沟、生态护坡"三道生态防线来替代传统浆砌石护坡，减少人为护坡痕迹。建议采用自然工法巩固护坡。迎水面生态带斜角扦插柳条，布置卵石固土。河岸种植乔木、爬藤植物固岸，按不同水深种植水生植物，选择适宜本地生长环境且具有景观性的物种。同时，设置亲水栈道，作为垂钓、观景等的休闲场地。

雨水资源的充分利用对城市化的发展在北方地区犹为重要。雨水滞留下渗是雨水利用中补充地下水的重要形式。滞留槽一般由预处理（草沟，草带或前置池）、种植植物、浅层存水区、覆盖层、种植土壤层、砂滤层、砾石垫层、排水系统和溢流装置组成。雨水花园和植草沟不仅有治理污染的功能，本身也具有景观性，可以带给人特定的景观视觉感受。

　　雨水花园是生物滞留槽的一种,是近年来应用广泛的低影响开发技术。雨水花园综合了目前大多数污染去除技术,包括存水区的固体沉淀作用、土壤层和砂滤层的物理过滤作用、植物吸附和离子交换作用及生物修复作用等。

　　植草沟技术是针对暴雨径流造成的城市面源污染治理研究得到的一种成果,该技术出发点是解决城市面源污染,是名副其实的生态技术。植草沟根据地表径流在植草沟中的传输方式,植草沟分为干植草沟和湿植草沟。

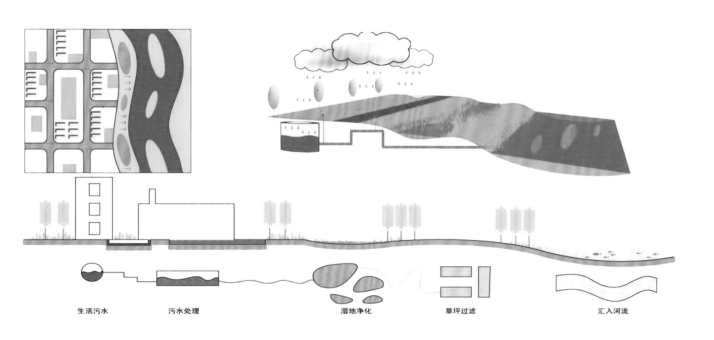

生活污水　　　　污水处理　　　　　　湿地净化　　　　　草坪过滤　　　　　　汇入河流

图 2-35　表流湿地净化分析图

6.3.4　态系统构建

通过对湿地、河道的生态保育和生态修复以及林地的养育，营造适于多种生物生存的栖息地生境，丰富生物种类、生态体系。陆地动物栖息地构建包括营造多层次结构的森林生境，提供充足的食物、重建食物链，提供休憩空间；水生动物栖息地构建包括丰富水生生境、设置遮蔽物、砾石群、生态护岸以及投放水生动物及贝类和鱼苗；湿地鸟类栖息地构建包括湿地生境构建、人为干扰控制以及主动招鸟措施等。

7　种植规划

7.1　植物景观和园艺展示规划总体理念

综合规划阶段，种植与园艺板块，由知名专家领衔成立植物与园艺规划组，开展各方面调研和研讨，到延庆实地勘踏，登海陀山，涉妫水河，查植物志，参观孙家湿地，访谈专家学者。掌握了植被适用性条件和苗木市场动态，共同努力下完成了生态保留课题以及总体种植规划课题，形成导则，为种植规划设计工作提供有力支撑。世园局同时期集北京林业大学等高校和行业专家智慧将室内外展陈课题研究收录成册，为指导园艺工作的开展提供方针指南。

7.1.1　千余种花卉增彩，百余种树木延绿

充分利用现状植被资源，构建绿色生态大本底。围栏区共保留约5万株乔木，5km林荫大道，形成大面积林地景观和绿色背景，并提供绿荫游赏骨架。

以最新园艺植物材料，展示高精尖世界园艺水平；以中国园艺植物回归，展现中国园艺文化；以高科技园艺展示，引领园艺未来发展方向。花卉造景共筛选出1078个适合在延庆生存，且具有较高观赏价值的花卉品种，让游客能欣赏全球各地的奇花异草。树木种植上力求树种多样、色彩丰富，以北京乡土树种为主，引进白桦树等60种异地树种，以及紫叶李、美国红枫等10种彩叶树种，营造色随季变的景观效果。[①]

7.1.2　强化艺术表达，展示与体验相结合搭建园艺舞台

植物景观与园艺展示规划从场地现状出发，保护现状植被群落的同时，营造绿色林荫空间，以艺术手法表达园艺内容，营造自然气息的山水园艺大花园。

结合总体规划结构和空间特征，构建背景林；突出绿荫游赏体验，建立主要道路广场林荫体系；演绎展区主题，塑造各区特色植物景观风貌；展示特色园艺，突出主题花卉景观。总体形成轴线树阵统领气势，开阔花海舒展空间，背景密林构筑骨架，疏林草地奠定底色，园艺花园感动心灵。

---

① 宋伟莎，周其伟，等.世园花开日　国匠筑精品——北京城建集团北京世园会项目集群掠影[N].北京日报，2019-04-29.

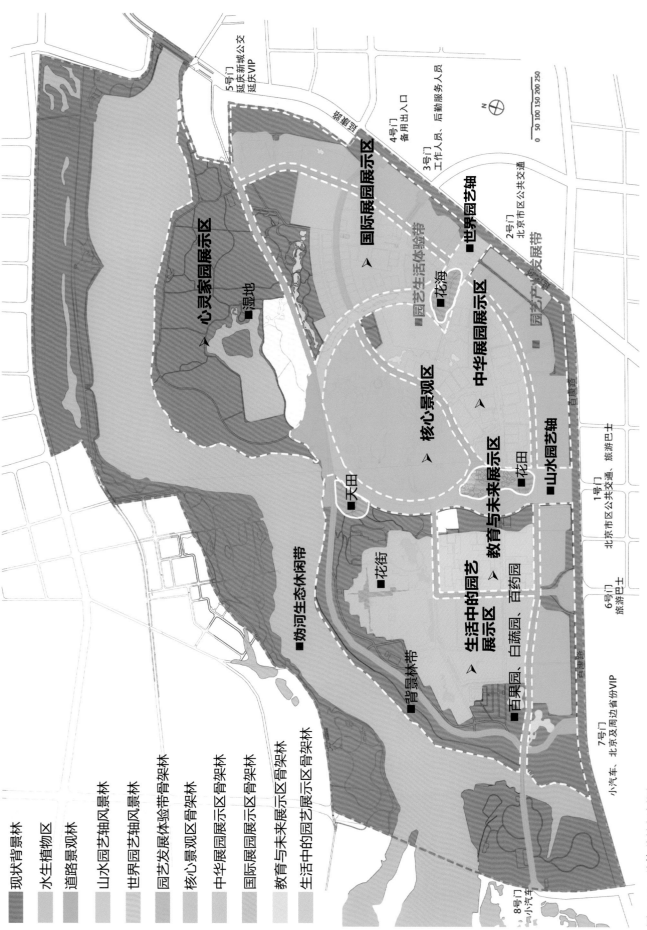

图 2-36 总体种植规划图

现状背景林
水生植物区
道路景观林
山水园艺轴风景林
世界园艺轴风景林
园艺发展体验带骨架林
核心景观区骨架林
中华展园展示区骨架林
国际展园展示区骨架林
教育与未来展示区骨架林
生活中的园艺展示区骨架林

心灵家园展示区
国际展园展示区
世界园艺轴
园艺生活体验带
花海
园艺产业发展带
湿地
核心景观区
中华展园展示区
天田
花田
山水园艺轴
生活中的园艺展示区
教育与未来展示区
花街
妫河生态休闲带
百蔬园 百药园
背景林带
百果园 白藕园

8号门
小汽车 北京及周边省份VIP
7号门
6号门
旅游巴士
北京市区公共交通 旅游巴士
1号门
2号门
北京市市区公共交通
3号门
工作人员、后勤服务人员
4号门
备用出入口
5号门
延庆新城公交 延庆VIP

N
0 50 100 150 200 250

创建生态环境优良、绿荫效果显著、植物景观突出、园艺丰富多彩、游赏体验舒适、园艺科技进步、园艺生活健康的世园会举办场地，搭建精彩纷呈的绿色舞台。重点体现中国名花的展示和应用、世界名花的展示和应用、"一带一路"园艺文化传播，"增彩延绿"植物的展示和应用。

7.1.3　完善功能、稳定结构，营造绿色空间

结合"一心、两轴、三带、多片区"总体规划方案，为园艺展示构建绿色骨架，搭建出特色各异、功能齐备、稳定有序的园艺舞台。营造出四大展园区园艺会客厅，一山一湖园艺后花园，两轴三带绿园艺绿荫走廊，妫河及生态家园园艺大自然的生态展示空间。

7.2　规划亮点——园艺文化引擎、园艺产业引领、行业榜样引导

7.2.1　园艺品种的传播与回归，园艺文化的交流与融合

世园会园区种植规划新优品种之丰富，应用形式之多样，在中国历届园林园艺

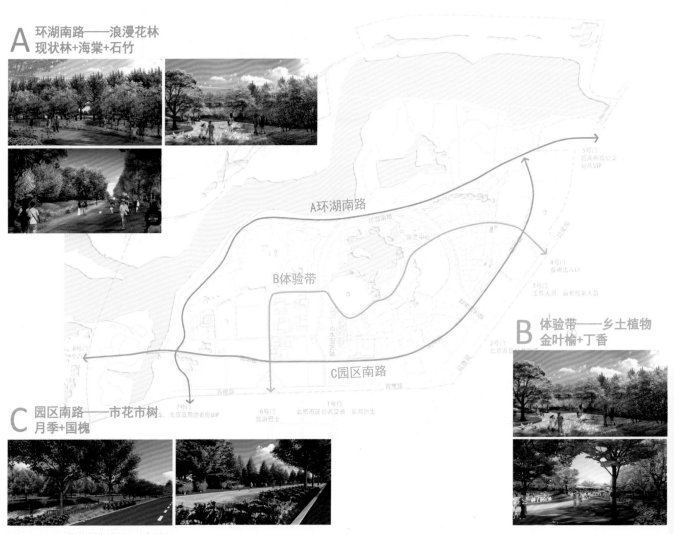

图 2-37　三带种植规划图（自绘）

展会成为新的标杆，体现出园艺科技创新力和行业凝聚力。园区应用的植物品种总数达数千种。栽植乔木 41932 株，灌木 354545 株，一二年生花卉 61522m²，宿根花卉 210322m²，乡土地被 544935m²，草坪 433143m²。其中新优乔木 70 多种，灌木新品种超过 100 种，新优地被花卉植物品种高达 1000 多种，特别是北京市研发的新优植物品种，在园区广泛应用，并引进国内外新优园艺品种，实现了中国传统园艺植物、中国研发的新优园艺植物与国际园艺植物同台绽放，各国家间园艺科研工作者之间、园艺企业之间同台交流、同台竞技，促进了园艺文化的交流与融合。

7.2.2 园艺产业的引领与示范，园艺技术的推广与应用

园区科学规划，打造园艺产业发展带，展示园艺科技、推广园艺技术。规划建设一条绵延 2km 的绿色廊道，并在其中的重要的景观节点，布置 16 个北京市区县园艺花坛，让园艺企业在绿色大空间中交流，在精美园艺的视觉盛宴中洽谈。政府部门积极引进中外优秀企业，如乡土植物、新优植物苗木研发企业和科研机构，向参展者推荐服务供应商授牌，为优秀企业参与世园会、服务世园会提供平台，为引领园艺产业的发展提供机遇。

■完善生态系统，构建生态安全格局

斑块： 确定斑块类型和面积；确定妫河及妫河两岸、生态岛生态因素组成成分，包括水系面积大小、植物种类数量。斑块类型按照起源可将斑块分为4类：干扰斑块、残留斑块、环境资源斑块和引入斑块。

廊道： 确定廊道类型和宽度；研究现有道路绿色廊道以及水系绿色廊道类型和宽度，分析现有问题，提出解决方式。廊道类型一般包括干扰廊道、残存廊道、种植廊道、再生廊道。

基质： 确定大的基质完整性；整体系统的有机统一。

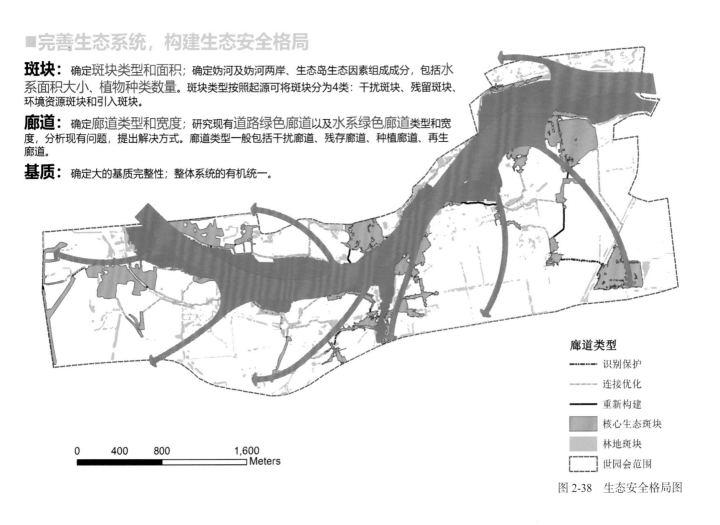

廊道类型

- - - - 识别保护
- - - - 连接优化
———— 重新构建
▨ 核心生态斑块
▨ 林地斑块
⬚ 世园会范围

0　400　800　1,600
Meters

图 2-38　生态安全格局图

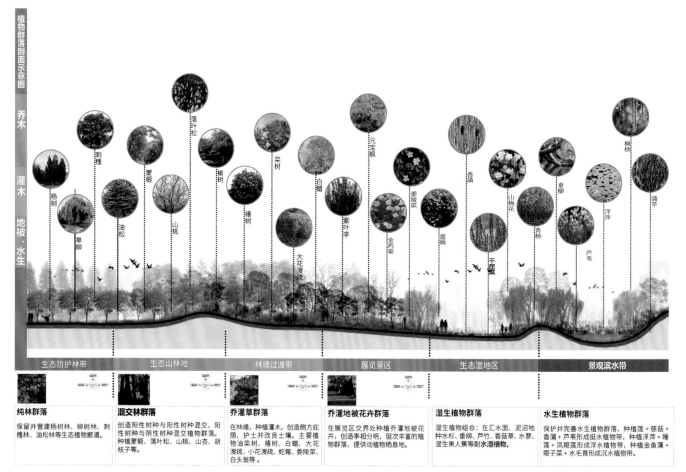

图 2-39　总体种植规划图

7.2.3　园艺知识的学习与实践，园艺生活的提升与完善

（1）构建园艺主题景观，讲述园艺故事

规划建设植物馆、园艺生活体验馆、园艺小镇，教育与未来展示区、园艺生活体验区，并打造以园艺景观为主的 12 个一级景点和 36 个二级景点。为游客学习园艺知识提供室内外场所，为园艺融入家庭提供样板。在教育与未来展示区集中展示家庭园艺、办公园艺、儿童园艺，学习园艺知识；在园艺生活展示区集中展示本草园、百蔬园、百果园，讲述中国大园艺的故事；在妫汭湖九州花境讲述中国传统名花故事，一带一路花园讲述园艺传播、国际交流故事。践行"绿色生活、美丽家园"的办会理念，让大家认识园艺、热爱园艺、动手参与园艺，让园艺走进大众生活。

（2）策划园艺活动、开展园艺科普

世园局通过新闻媒体、公众平台策划宣传园艺活动，公众号推出三大主题板块，微观世园、植物学院、园艺活动，邀请媒体公众人物作为世园会形象大使，开辟专栏讲述草木情缘，"我是园艺师"栏目，邀请行业一线人员讲述身边的园艺故事，发挥榜样带头作用。同时联合北京林业大学等高校举办国际大师展园宣讲会，让设计行业深入了解国际园艺的发展方向，并联合其举办"竹境"中国首届花园节，开展园艺科普，为世园会热身，让社会关注园艺。

7.3　绿地景观的精心规划和精品园艺的重点展示

7.3.1　公共绿地种植规划

公共绿地景观是整个园区的绿色骨架，承担着生态稳定、安全疏散、绿荫游憩、休闲活动等综合性功能，支撑着未来整个园区的有序运行。作为主体的公共绿地景观必将综合考虑全园的各项需求，综合考虑会时和会后利用，迎接场地的限制和挑战，保障会议的圆满成功。

（1）堆筑地形和土壤改良，解决气候多变、土壤贫瘠问题，保障园艺精致度

综合植物、水系、生物、土壤等要素，营造多样化的生境，构建生物生态链，实现林水相依、林土相存、林境共生。

防护背景林带的构建：依据总体规划和竖向规划，结合现状林带，利用乡土植物，在妫河两岸、各展区周边以及百康路、延康路沿线，搭建群落稳定、功能完善的绿色长城。

防护背景林带主要采用乔灌草复层搭配模式，以北京乡土植物群落为准则，构建以高大乡土树种为主、结构自然、地带性群落特点突出的林地景观。运用异龄、复层、混交的种植手法营建三种不同的种植类型：近自然异龄林、近自然混交林、近自然复层林。并对三者进行合理搭配、组合布局，形成稳定的生物链和丰富的物种多样性的生态景观林。使其与现状林在比例、色彩上和谐搭配，形成园区绿色背景，加强园区抗风能力，营造园内小气候环境。（注：在做好种植品种规划选择的同时，根据不同地块、不同区域的土壤情况做好土壤检测工作，并制定相应的配方，送给园林科研所鉴定，最后确定最终的土壤改良配方。景观一期1标、2标、3标原为老河床地，土壤理化性质较差，具体配方为7%草碳+3%沙+2%硫磺+2千克有机肥；4标、5标、6标地块大部分原为田地，土壤质地较好，改良措施强调生态环保，具体配方为土壤改良园土+草炭（土壤体积的20%）+商品有机肥（每方土壤加10公斤，要求发酵充分）+缓释肥（通用型）1千克（养分总含量大于40%）。

乡土乔木选择共有50多种，主要有油松、侧柏、桧柏、云杉、国槐、刺槐、小叶白蜡、大叶白蜡、元宝枫、蒙古栎、茶条槭、丝棉木、栾树、杜仲、梓树、楸树等。

（2）公共景观区和展园区结合，解决场地复杂多变，建设主体多样挑战

规划上公共景观区绿化用地和展园区展园建设用地有效划分，一方面集约利用绿地资源，避免相互干扰。另一方面实现风格协调统一，功能相辅相成。

公共景观区主要集中一山一湖核心景观区。利用体量大、绿量足的乡土植物，围合形成绿色开放空间。天田山花海景点，面向山水园艺轴和妫汭湖，背景种植常绿树和阔叶大乔木形成绿色的景观背景，妫汭湖丝路花语景点，面向妫汭湖形成开

敞空间，其他三面种植错落有致的植物，形成丰富的植物观赏面，并围合出开阔场地，开展园艺等主题活动。

两条景观轴和三条景观游赏体验带，串联起公共景观区和展园区。利用冠大荫浓乔木和特色花木，营造绿荫游赏体系。形成杨柳依依、海棠菲菲、蓝天碧水别样红的妫河生态休闲带；上有金叶榆的金黄树叶构成靓丽林冠线，下有紫色丁香春花浪漫，夏花绚烂，各类品种花卉竞相开放的园艺生活体验带；以及国槐绿荫休闲、月季繁盛绽放游赏的市树、市花并秀的园艺产业体验带。

展园区依托场馆和背景林，开展园艺展示。中华展园区依托中国馆和构建的杨柳林带，建设34个省市级展园。国际展区依托国际馆和现状杨柳林、刺槐林，建设国际展园。由此实现植物景观风格统一和室内外园艺展示功能互补。

（3）利用花果叶型等特色，解决展会时间周期长、节日多、景观要求高特点

充分考虑植物特性，利用植物季相变换和时令园艺花卉，构建时间游赏序列，保证春、夏、秋植物景观的连续性和园艺的精致度。首要保障开幕式效果，园区要以饱满的绿色姿态、精彩纷呈的园艺开门迎客，向世界展示中国大国气象和风采。充分考虑国家节日植物景观，保障节日气氛的营造，有绿荫可游、有花可赏、有精彩园艺可驻足留念。为举办一场精彩绝伦的园艺盛会搭建植物舞台。

为达到较好的开园效果，主要选用适合延庆生长的乡土树种，适当选择新优品种；地被、草坪选择上以返青早，低维护作为首要考虑因素；花卉选择上以耐寒抗霜的植物品种为主，适当选用一二年生花卉，花海营造上使用早、中、晚不同花期的品种，延长花期，栽植方式上以盆栽结合混播的形式进行，局部关键点采用盆栽花卉，大面积区域采用播种方式以确保长势整齐；主要节点处大量栽植春季开花乔灌木，工程技术上按照规范栽植并加强植物养护管理，以保证开园时植物优良长势，使部分植物处于盛花期，达到最佳景观效果。

7.3.2　精品园艺展览展示——综合考虑园艺传播与回归主题

（1）考虑园艺展最大的特色和亮点是表达园艺景观、传播园艺文化

世园会室内外精品园艺的展示立足在充分展示生态文明建设的成果，促进园艺行业的繁荣大发展，实现让园艺走进家庭，让园艺改变生活的愿景。由此，最大特色和亮点必然是最大化地表达园艺景观，传播园艺文化。如，五谷丰登、山花烂漫的"天田花海"，展现中国农业景观与园艺的融合绽放；彩墨晕染、色彩静美的"万芳花田"，展示北京延庆乡土花卉科技创新和引种驯化成果；色彩斑斓、油画印象的"世界芳华"景点，展示世界园艺的魅力和中国园艺花卉的传播和回归；十大名花绽放的"九州花境"，梅、兰、竹、菊、松、枫、荷七友共举同歌的文人园，传播中国园艺文化，表达君子比德思想。

（2）突破气候等限制条件，突出展示性，考虑展览方式、展示位置和工程技术

延庆冬季漫长寒冷、春季多风雪灾害，展示方式上可分常规性展示和特殊性展示。特殊性展示上，一方面要创造植物生长的优良条件，避免植物受到灾害，在公共景观区，通过堆筑地形，植物防护等小气候环境的营造，少量种植边缘性的植物，对个别不能正常越冬的植物，可通过盆栽方式进行展陈布置；另一方面通过工程措施，调控苗木的生理机制，比如促成栽培技术、防寒养护措施等保障园艺展示。展示位置上可分室内展示和室外展示。绝大部分为室外展，室内展可通过植物馆"万花筒"集中展示热带上万株珍稀植物，游客可到室内领略植物的智慧、植物的力量、植物的贡献、植物的精美。园艺生活体验馆可进行插花花艺展，充分考虑时效性和可操作性，让游客到室内感受花艺的美好、感悟花艺文化。

（3）制定精品园艺展示导则，明确园艺主题、形式、位置和规模等要求

园艺主题上，公共景观区园艺展示内容：花果菜、竹藤、药草、中国名花、世界名花、北京市花月季和菊花等，体现中国园艺的博大精深和国际园艺的交流与合作，传播园艺文化，展现园艺科技。展园区重点展示各国家、省市、企业等特色花卉植物，体现省市地域风情和园艺景观特色，重点宣传省市生态文明建设成果和地域园艺文化。园艺形式、位置和规模上，公共区集中展示大尺度的花海、花田、花坡，在重要节点、道路转角、建筑周边重点展示中小尺度的花境、花带、花坛。通过了大尺度园艺与精品园艺的结合，有的放矢地展示园艺景观，重点突出传达园艺文化，同时满足游客远观近赏、摄影留念、放松身心、感悟园艺魅力的需求，打造一场场园艺的视觉盛宴和丰富的游赏体验。

7.4　重点区域植物与园艺景观

7.4.1　两轴三带——突出绿荫游赏体验，建立主要道路广场林荫体系

依据园区总体规划结构，结合园区道路交通规划，在两轴三带、主入口广场、展馆入口广场等规划林荫景观大道和林荫集散广场。适当选择大规格、发芽早、冠大荫浓的植物，形成园区绿色走廊，达到绿荫游赏的景观要求。

两轴是园区的重要形象，将充分传达世园会的人文精神和绿色理念。山水园艺轴和世界园艺轴的种植规划采用林荫廊道的模式，为精品园艺展示搭建布展骨架，为游客提供景观的标示和引导，提高轴线的识别度。

选择代表中国特色，适合本地生长的银杏、国槐、元宝枫等高大乔木，并搭配海棠、流苏、月季、牡丹、绣线菊、丁香等开花植物，营造一条东方神韵的山水园艺轴，营造出礼乐大门、银杏广场、万松清音、万芳花台、国槐大道、银杏大道、元宝枫林等绿荫空间。

世界园艺轴，作为主要入口和道路广场，承载绿荫游赏和国际园艺文化的展示功能，将营造一幅绚丽多彩的世界风情画卷。2号门区使用金叶榆作为行道树提供遮荫和有效组织隔离安检人群。进入园区保留328棵现状毛白杨、旱柳和榆树，形成约50m长的林荫大道。内部轴线空间以乔草结构为主，选择金叶榆、银红槭、糠椴、紫椴、复叶槭、茶条槭、紫叶稠李等彩叶乔木，少量搭配海棠、绣球、荚蒾等开花植物营造出夏季绿荫、秋季炫彩的特色景观。

三带绿地种植规划充分考虑了生态功能和景观特色。

妫河生态休闲带，作为园区外围重要游线通廊，打造一条自然野趣的生态休闲水岸，保留现状毛白杨林、旱柳林、刺槐林，形成绿色背景和骨架。在道路两侧大量种植海棠，形成海棠为观赏特色的绿色游赏廊道。园区北岸以自然生态为基调、保留现状大树，修复驳岸，营造林水相依的生态环境。

园艺生活体验带，从西到东依次贯穿生活园艺展示区、教育与未来园艺展示区、中华园艺展示区、世界园艺展示区，是重要的展园游赏带。主要选择金叶榆、金叶复叶槭等金色叶大乔木，形成一条金色飘带。林下主要搭配丁香等耐荫开花灌木，传达花样生活情结，反映植物与人的亲密关系，营造休闲放松、明亮芬芳的游赏廊道。

园艺产业体验带更加注重绿荫游赏，搭建布展骨架。种植国槐、油松等大乔木以及海棠等搭建绿色骨架，提供绿荫空间。在路缘种植月季品种，形成市树、市花绿荫廊道，打造一条绿色科技的产业发展带。

表2-3　林荫游赏体系植物选择苗木表

| 结构 | 内容分区 | 骨干植物 | | 特色植物 |
		大乔	小乔	灌木
两轴	山水园艺轴	银杏、国槐、旱柳、元宝枫、油松	海棠、流苏	月季、牡丹、绣线菊、丁香
	世界园艺轴	糠椴、紫椴、复叶槭、紫叶稠李	观赏海棠	荚蒾、绣球类
三带	妫河生态休闲带	新疆杨、银白杨、旱柳	海棠、山桃、山杏	柽柳、雪柳、榆叶梅
	园艺生活体验带	金叶榆、金叶复叶槭	品种丁香	碧桃、金银木、郁李、锦带
	园艺科技发展带	国槐、油松	山楂、稠李	红瑞木

7.4.2　六大片区——演绎展区主题，塑造各区特色植物景观风貌

六大片区绿地种植规划充分结合各片区的景观特色，搭建布展背景，营造布展空间。

核心景观区是世园会展览、游客参观的重要地点。核心景观区围绕妫汭湖层级展开，空间开敞，通过规划疏林背景林带，可形成舒朗大气的景观气氛，规划花境、花海等壮美植物景观，可营造出开放包容的景观区形象，同时可注重园艺展示等植物景观细节的表达，使游客在游览过程中充分感受世园会的精彩魅力。

妫汭湖核心景观区，中心岛保留毛白杨，营造青杨洲景点；中国馆东保留大柳树和毛白杨、明朝古井，营造"千翠流云"景点；环湖绿地主要选择元宝枫、银红槭、银白槭、金叶榆，成组团配置，营造彩色林和滨水花境，打造精致、恬静的园林环境。

中华园艺展示区，展园公共区是展园的重要的交通枢纽，通过种植元宝枫、银杏等形成多条绿色通廊，提供绿色休闲空间。采用花加林种植规划模式，以林带＋色彩花卉组合，将各展园融入绿廊、花海之中。

世界园艺展示区，游人活动比较集中，其中绿色植物多与铺装结合，既满足通行又保证绿荫的需求。其中，展园公共区连接各展园，成为重要的展园枢纽空间，其主要树种有：银红槭、银白槭、北美海棠、国槐、油松、云杉等。

生活园艺展示区采用宅加林模式，以人文情怀的园林植物营造家庭园艺和人文园艺的展示空间，利用现状毛白杨林、刺槐林等大树，结合种植茶条槭、丁香、山桃、太平花等植物丰富背景林带，为果林、菜园、花田以及展园营造绿色背景，整体营造出中国田园风光。

教育与未来展示区可采用田加林种植规划模式，搭建布展骨架，展示果蔬园艺和儿童园艺，突出园艺科技和趣味性。

自然生态展示区，采用水加林模式，保留原有生态湿地和生态林带，营造生物生境。整体保留大部分的现状乔木、灌木。增加红瑞木、迎春、多花胡枝子、锦带花、狼尾草等下层植物种植，丰富景观空间。水岸选择垂柳、杜梨、绦柳、八棱海棠等耐水湿植物下层以芦苇、红蓼等水生植物为主，展示生态自然的水景景观。

表2-4　五大景观图植物选择苗木表

类别	大乔	小乔＋灌木	种植模式
自然生态展示区	旱柳、垂柳	荆条、流苏	模拟生物群落和植物生境＋自然演替平衡发展
中华园艺展示区	油松、国槐、元宝枫、栾树	暴马丁香、北京丁香	乔＋灌＋地被＋中国传统植物文化意境美
世界园艺展示区	银白杨、刺槐、红花刺槐、紫椴	山楂、海棠、山荆子、金银木	乔木树阵＋规则地被＋简洁明快人工美
生活园艺展示区	元宝枫、桑树、榆树	海棠、杏、李、桃、苹果	果林＋菜园＋花田＋中国田园风光
教育与未来展示区	皂荚、梓树、国槐	碧桃、紫叶碧桃、美人梅	整形修剪＋趣味互动植物＋产生兴趣提高认知
核心景观区	元宝枫、银红槭、银白槭、金叶榆	黄栌、丁香	彩色林＋滨水花境＋草坪＋精致恬静放松

7.4.3　重点景观节点——展示特色园艺，突出主题花卉景观

依据园区总体规划结构，结合园区游客聚焦地，在两轴、各展示区等规划大尺度的园艺主题空间。根据场地性质，一方面可选择延庆当地适用的优良野生花卉，另一方面可选择世界新优花卉，实现展示中国特有花卉、中国名花、世界名花的景观需求，充分体现本届世园会的最高园艺水平。主要通过多层次、多角度展示园艺内容，如：山水园艺轴通过花田、花境、天田展示中国园艺文化；世界园艺轴通过五彩花带、花坡展示世界园艺文化；生活园艺展示区通过花街（园艺小镇）、花园（百果园、百蔬园、百药园等）展示园艺生活；自然生态展示区通过湿生花园（自然生态展示区）展示生态景观。在主要的景观节点布置园艺花坛，展现生态文明建设成就。

花田位于山水园艺轴上，以中国传统名花和乡土野生花卉为特色，采用"花田"的形式，打造震撼的花卉景观，"花田"从入口至中国馆，花卉色彩从素雅过渡至浓烈，渐至高潮，突出园艺特色。

天田位于天田山景区，建设"五谷丰登、山花烂漫"的梯田式花田景观，传承与展现农耕文明的生态智慧。梯田上大量种植中华民族传统栽培作物"粟"，稃壳为白、黄、红、黑、紫等不同颜色，组成"彩色谷"。

九州花境以牡丹、月季等中国十大名花为主题植物展示中华名花文化，路上丝绸之路花境和海上丝绸之路花境以丝路国家的特色花卉为主，展示中国同世界各国文化的融合与交流。

湿地花园位于自然生态展示区，植物主要以千屈菜、西伯利亚鸢尾、芦苇、红蓼等湿地植物为主，营造景观丰富的湿生植物空间。

表 2-5　主要景观节点园艺花坛布置

主要园艺花卉种植区域	选择原则	主要花卉植物
花田（山水园艺轴）	中国名花＋野生花卉精品	牡丹、月季、银莲花、报春花
花境（九州花境）	中国代表性花卉	杜鹃、山茶、水仙（展陈植物）
天田（天田山）	农耕文化代表性花卉植物	向日葵、油菜花等
花带	世界名花	绣球、鸢尾、球根植物
花坡（世界芳华）	世界名花	玫瑰、矢车菊、百合、虞美人
花街（园艺花街）	新优园艺花卉	多肉植物
三百园（百果园、百蔬园、百药园）	世界新优果树、蔬菜，中国特有中草药植物	新优瓜果蔬菜和观赏性药用植物
湿地花园	当地乡土湿地植物	菖蒲、芦苇、水葱、千屈菜

8　配套设施规划

通过人性化、精细化、智能化、与园艺展示一体化的配套服务设施建设，为游客提供安全、舒适、便捷、美观的观展体验。

根据以往办会经验和相关规范，以 2019 世园会展会期间的空间布局、功能与建设规模、交通组织、游客量等情况为基础，以"按需定量，适度集中""兼顾平峰，弹性应对""便捷服务，满足客流需求""集约复合，分级建设单元""统筹会后，兼顾运营""特色突出，强化园艺主题"六大原则，对配套服务设施的需求进行科学测算，并预留弹性，确保展会期间与会后运营顺利进行。

北京世园会作为大型展会的接待规模和行为特点，同时充分理解配套服务设施的使用需求。规划在进行餐饮、购物等一般性服务设施，以及咨询导览、医疗救护等，根据设计客流 19 万人次 / 天的标准进行测算。在进行厕所设施规划，考虑到这项需求具有较强的特殊性，按照高峰客流 24 万人 / 天的标准进行配置与规划。

规划包括集中固定设施、分散固定设施和临时设施（含移动式补充设施）三类。其中，集中固定设施分布在四大场馆（植物馆、中国馆、国际馆、园艺体验馆）、园艺小镇和产业带，总计建筑面积 1.7 万 m²；分散固定设施分布在园林绿地范围内，总计总建筑面积 1.7 万 m²；临时设施总建筑面积约 2.9 万 m²。

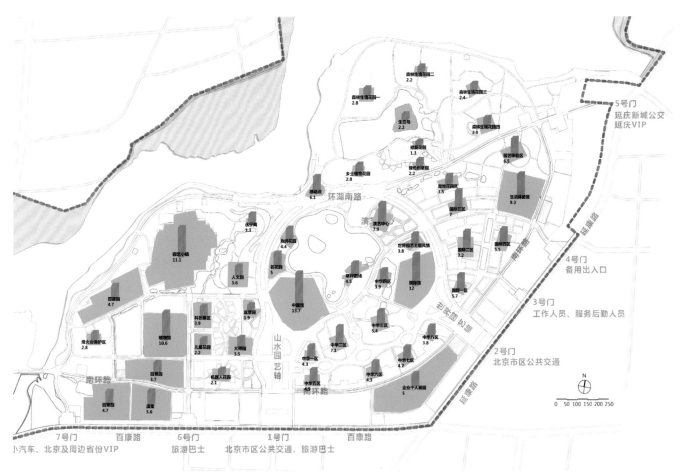

图 2-40　北京世园会客流空间分布预测

9　其他专项规划

9.1　公共安全与防灾避险专项规划

2019北京世园会属于世界级展览会，考虑展会期间人流量巨大和展会的特殊性，避免大规模人员拥挤踩踏等安全问题事件的发生，规划旨在使管理者可以科学应对世园会期间发生的各类突发事故，全面提升世园会防御灾害水平及应急救援能力，保障人与建筑的安全，为世园会提供安全、健康的运行环境。

在园区规划的基础上，充分结合景观设计设置出满足公共安全与防灾避险的规划方案，做到平灾结合，达到可持续发展的目的。

公共安全与防灾避险专项规划以西安世园会、北京园博会和上海世博会为参考案例，分析比较各个展会的成功经验，将安全作为世园会成功的第一要素，在围栏内、围栏外、延庆区进行全方面的保障工作。

根据情况的不同，可能发生的事故灾情大致分为：自然灾害、事故灾难、公共卫生事件和社会安全事件，上述突发事件通常是相互交叉和关联的，某类突发事件可能与其他类别的事件同时发生，或引起次生、衍生事件。专项的规划内容应分为公共安全与防灾避险两部分，具体问题，具体分析，统筹应对。

9.1.1　公共安全

（1）在园区六大区域内设置武警区域分指挥部；

（2）在园区的重要区域设置安保指挥中心、世园派出所、反恐机动处突指挥中心、安全警卫指挥部、交通指挥中心等；

（3）在门区和重要展馆建筑内设置防爆安检指挥中心、（涉外）治安处理点、武装处突和机动处突人员备勤室、入园门区安检场地等；

（4）外围设置屯兵备勤点、封闭隔离设施以及岗哨岗亭；

（5）在世园村提供住房生活保障；

（6）结合消防职能，在园区内设置永久消防站和指挥大厅，五处主要建筑周边建立固定执勤消防站点；

（7）安防科技保证基础设施备完，进一步加强网络安全防护能力建设。

9.1.2　防灾避险

根据现状规模、建设投入和社会责任将世园会定位为固定避难场所。同时，设置不同规模客流下的交通组织预案。

（1）以两轴为界，划分三个区，设置相应的避难场所、灾民安置区、应急医疗卫生区、应急直升机使用区、应急垃圾储运区以及应急物资区；

（2）世园村内设置应急管理区；

（3）全园的应急标识标牌应符合规范《道路交通标志和标线》GB5768及《安全标志及其使用导则》GB2894。

9.2　声景系统专项规划

9.2.1　总体规划理念及规划特色

声景规划旨在让声景技艺与办会理念及特色相契合，研究实施声景景观的艺术情趣与技术实施性，使人闻其声、观其景、入其境，充分演绎精彩园博的完美体验。声音突出本次世园会的"绿荫游览新体验、园艺与科技融合新高度、多文化交流新舞台"的规划特点，声景规划以观赏者游览体验为出发点，通过声音景观对游客的行为进行引导，并增加声音与人的互动，以此塑造出游人对世园会更加立体的视听感受。

园区声景规划为下一步园区景观深化设计和声音元素的控制提供依据。指导园区景观深化设计和声音（包括音响等）控制的配合。明确主景点声音的主题，指导策划室外艺术声景项目，提出声音设计导则。

9.2.2　声景实施建议空间上特色

入口——序幕声音引人入胜，提供美丽园会的遐想空间。个性——个人试听独享空间，利用声音带来的想象空间，让游客享受到花园里的"试听宴会"。方式：

场馆前区节点等候区——在游赏过程中声景的营造更能调动游人情绪，减弱等候时的疲劳感和负面情绪。方式：大屏幕显示／手机扫描结合——让人感受到大环境视觉参与感，同时也保留个人听觉空间余地。

节点——设计突破鲜明景点空间——用特定声音、夸张手法，强化景点艺术感染力，因声成景，烘托景点艺术渲染力。

手机扫描——个人试听独享空间代替看报纸、地图的枯燥乏味。背景音乐则是旋律及展会内容，自然而然向游客传递介绍信息。

9.2.3　时间特色

白天——活动节目花车循游、流动音符——时间维度上的声音。世园会花车循游声音策划：花车音乐一开，其它背景音乐全部关闭；突出花车循游这个项目对游人听觉、视觉的强烈吸引；花车背景音乐定位为热闹、奔放而吸引人。

夜晚的声音——指导策划室外艺术声景项目，提出声音设计导则。

下篇

核心景区设计

北京市园林古建设计研究院有限公司是整个北京世园会园区总体设计协调单位，在统筹协调各个设计单位的同时，积极承担了园区核心景观区和中华展园、礼乐大门、北京园等其他主要景观景点的方案设计。其中核心景观区位于围栏建设区中心，范围约 31.35hm²，包括中国馆、国际馆、演艺中心三大主要人文建筑，其自然景观设计区包括山水园艺轴北段、园艺生活体验带中段以及园区制高点天田山（主山）和疏朗开阔的妫汭湖区（主湖）等内容。其他主要景观景点设计包括中华园艺展示区展园布局和公共空间景观设计、园区 1 号门——"礼乐大门"设计以及北京园、河南园、企业展园、中华本草园方案设计、中美洲联合体展园、加勒比共同体联合展园设计、太平洋岛国联合展园设计。

1　妫汭湖—人间仙境，妫汭花园

妫汭湖设计遵循"生态优先，师法自然"的规划理念，兼顾作为"设计"一体两面的"功能"与"立意"，通过不同的进入方式的处理，重建人与自然的微妙联系，把"山水人"碎片化的场地信息拆解、转化、重构为一幅徐徐展开在世界面前的、

图 3-1　核心区实景照片

融合东西方文化的当代中国山水画卷——人间仙境，妫汭花园。

1.1　现状分析与思考

在核心区设计任务之初，经过多次现场调研，资源环境现状和建设基础加之"世园会"的特殊背景，都为之后的工作带来种种困难和挑战。

1.1.1　功能兼顾：大型展会的无序性与游赏组织的有序性的协调

大型展会的核心区不仅是主要的景观展示场地，也是园区的"交通枢纽"，因此对核心区的设计首先要考虑的就是如何在保障大量人流、客流聚集、疏散的同时，又能保证游人舒适、便捷的游赏体验。为此我们提出"林荫下的世园会"的理念，通过增强入口空间"辨识度"、弱化硬质铺装广场的"空旷感"、增加绿岛和遮荫设施等设计构思增加游人的观赏体验，又可以减少游人因拥挤而产生的不适感。

1.1.2　文化表达：中国与世界、传统与当代

世园会作为典型的"城市大事件"（Mega-event），必须要将多重文化内涵通过设计语言以及现代材料的应用，而建构出全新的叙事空间艺术，为举办地区带来发展的重大机遇。

图 3-2　中国馆与永宁阁夜景

图 3-3　核心景观区实景航拍图

图 3-4　核心景观区夜景航拍图

作为核心区的景观设计者，要力求融合并平衡中国（包括北京和延庆）与世界、传统与当代两组对象关系。无论在整体风貌还是设计语言上，都要做到既表达本土风格又展现世界多样性，既脱胎于历史传统又立足当代性格。因此对"设计风格"的定位具有一定的难度和挑战。世园会作为当代中国对外展示新形象的绝佳窗口，核心园区需要承载多样文化融合、发挥宏大叙事功能，其设计立意的落地效果必须达到游览者由自然"生境"感受景观"画境"，从而抒发文化"意境"。

1.1.3　空间主体：建筑、景观、园艺与自然

由"重大事件"衍生出的建设项目具有体量大、造价高、设计审批程序多、专业配合复杂、建设周期长、参与角色多样、沟通和协调工作量巨大等特点，因此促生矛盾的爆发，即在布局如此紧凑的世园会核心区范围里，建筑、景观、园艺和自然，如何确立空间的主体。

世园会核心区范围涵盖三大建筑场馆、主山、永宁阁、主湖、山水园艺轴北段、园艺生活体验带东段等八个部分。其中，湖区（含中国馆和演艺中心建筑）、山水园艺轴北段及园艺生活体验带中段属于整体核心，占地面积约 31.35hm²。中国馆和演艺中心占地 6.2hm²，超过核心区总面积的 20%，与主湖（妫汭湖）面积相当；体量上更是几乎贴近驳岸线设置，依据《延庆新城 YQ00-0300-0001 等地块控制性详细规划》等文件对园区场馆建筑室外地坪的相关要求，二者无论从室外地坪标高，还是建筑本身的面宽、高度上来看，对湖区景观都是压倒性的控制要素（图3-5）。但是以"园艺"为主题的世界博览会"核心区"，应该避免以"场馆建筑"作为统领空间的主体；另一方面，对于已经客观存在的大体量建筑，更需要借助园林设计

图3-5　2019北京世园会一标段（核心区＋中华园艺展示区＋企业带）用地关系图

的手法对其予以消隐，使人工与自然充分地融合在一起，成为"画中物"。

综上分析，如何把核心区碎片化、多样化的园艺展示内容融入到园区大山大水优越的自然环境中，体现园艺的艺术与实用相通的作用，科学把控核心区景观园艺出现的频率和节奏，也是设计的另一大挑战。

1.1.4　永续利用：会前、会时与会后

本届世园会的规划理念之一是"生态优先，师法自然"，园区核心的设计也应该落实"生态优先""永续利用"等可持续发展理念。这项工作带来的挑战实际来自于设计任务面向的三个阶段：

（1）会前——充分尊重现状，着重分析实际情况中利弊条件，顺优势而为，弱劣势而造，实现设计"自然而然"，避免无意义的堆砌，即为"自然"；

（2）会时——保证核心区效果，忌"无为"避"满铺"，结合核心区布局分析其"起、承、转、合"的空间关系，在重点区域、人流可能集中的节点，例如最佳观赏点、眺望点或取景点等，予以紧凑、精致、临时性的设计手法，其他过渡性空间则需要尽量放松和留白，即为"生态"；

（3）会后——坚持绿色发展，除产业转型、经济节约的诠释外，设计层面需要区分"临时性"与"永久性"的材料、设施，在"世园会核心区"的使命完成、会时临时性的设施去除后，继续保证会后市民乐于使用"世园公园"，即为"可持续"。

1.2　设计解读与选择

孟兆祯先生认为"兴造园林的目的和用地实际现状是'因'，设计任务是借因成果"。由此可见，梳理场地基址潜在的各类信息实际上是"寻根"和"求因"的过程。核心区的建设目标前文已述，此处将着重探讨对用地实际中各类因素的"寻找"和"取舍"。

1.2.1　拆解：碎片化的场地记忆与优越的自然本底

延庆一直以来被称为北京城区的"后花园"，好山好水的自然本底能够更好的融入"园艺"设计，也是世园会选址在此的原因。园区核心区地处妫河转弯处，面向海坨、冠帽两座远山，基址内原有李四官庄和谷家营两个自然村（已拆迁）、田地、低洼鱼塘、湿地和上百株长势良好的现状大树（图3-7）。

只是在"世园会"大背景下仅以"村庄"或"田地"为场地记忆的切入点略显单薄，难以承载其在宏达文化层面多方位的叙事需求。而山水园艺轴南段的设计中已率先采用"山水林田屋"的概念，因此在核心区的设计考量中首先摒弃了过于碎片化的要素，转而将现状成片的大树保留下来。一是考虑到新近栽植的苗木体量即便在增大栽植密度的前提下，仍然无法支撑起核心区超过30hm^{2}的空间尺度（也包括对场馆建筑体量的考虑），需要能与之匹配的"参天大树"；二是要凭借这些原有场地的"见证人"留住乡愁，唤醒记忆，结合本土材料语言和形式语言的巧妙运用，让游人驻足其中不仅能感受到场地的过去，也能看到场地在改变后所焕发出的新的生命。

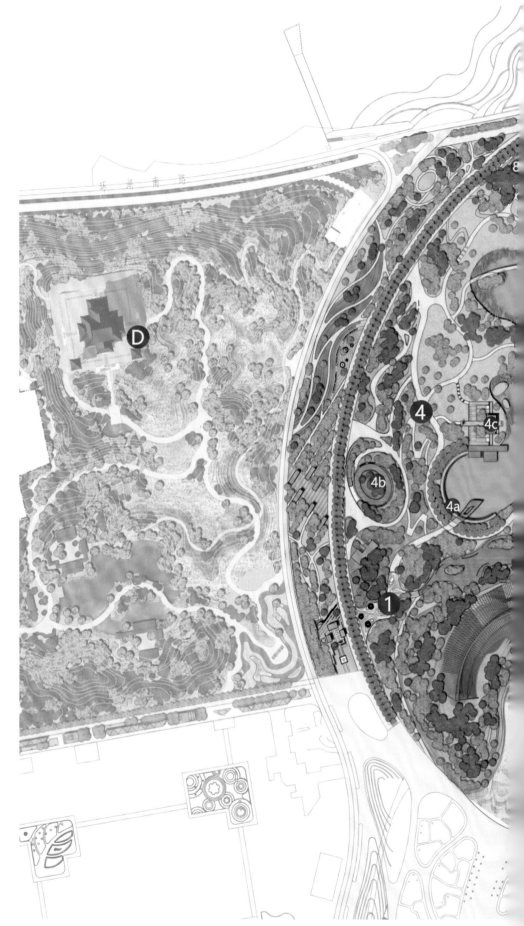

A 中国馆
B 国际馆
C 演艺中心
D 永宁阁

1 飞凤谷（林入洞天）
2 千翠池（水入洞天）
3 百花坡（花入洞天）
　8a 邀月门
　8b 月影池
4 九州花境
　4a 鲜花码头
　4b 牡丹台
　4c 渔舟唱晚
　4d 青杨洲
5 一色台
6 丝路花雨
7 世界芳华
8 花林芳甸
　8a 晴日台
　8b 人字桥
　8c 北侧现状杨树

图 3-6　核心区彩平

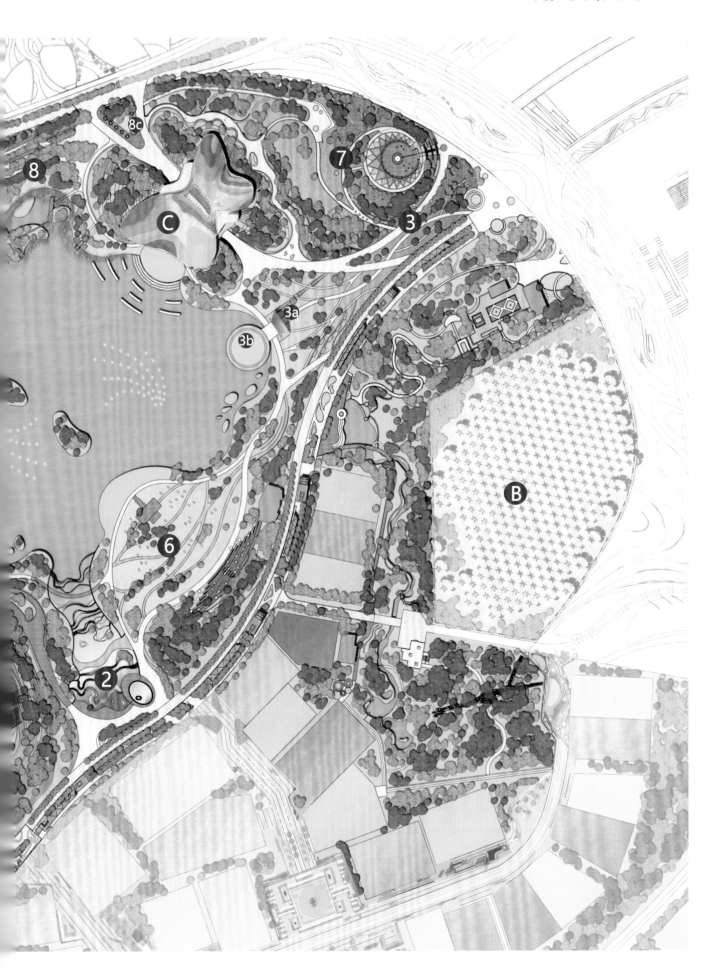

图 3-7　延庆山水景观、园区自然现状组图

1.2.2　转化：从进入方式重建人与自然之间的微妙联系

　　为保证核心区方案的"自然而然"，设计统筹考虑以最少的人工干预求得最小的生态扰动。在原有鱼塘、河岸、湿地等低洼地基础上适度挖方形成园区主湖，湖面西侧余土堆山形成制高点；同时保留湖面中心几十株参天杨树形成湖心岛，寓意"留住那片青杨"，取名"青杨洲"；又以大型景观塑石结合种植池的方式处理岛屿地面与湖面之间接近 6m 高差的驳岸，人工雕刻的塑石与湖心岛自然山体巧妙融合，将"燕山余脉"（海坨山）这一极具延庆地域特色的景观引入园内；湖面之上飞驾一座以中国传统木结构搭建的虹桥——"青杨桥"，一端起始于自然草坡驳岸，另一端撞上青杨洲山石，随形就势切割塑石，使其宛若从青杨洲巨石上生长出来，形成一幅世园独有的乡愁画卷（图 3-8）。

　　此外，位于湖区北侧的鱼塘池水常年丰沛，围绕其周边恣意生长着形态各异、姿态优美的成片杨柳。设计将以上两处特色鲜明的场地信息层提取并保留下来，由于二者在空间上邻近且易于连贯成体系，因此后期方案也将其视为一体，赋予其"大自然中的花林芳香"之意，命名"花林芳甸"。

　　考虑到园区 1 号门（山水园艺轴南端）与 2 号门（世界园艺轴东端）是会时人流最主要的两个来向，经由这两条景观轴线将是进入核心区最直接的方式。1 号门和 2 号门一个位于山水园艺轴北段起始点、天田山和中国馆的衔接处（A 点），另一个位于国际馆、演艺中心和世界园艺轴的夹角处（C 点）。除此之外，核心区南侧还临近国内游客最集中的中华园艺展示区（室外展园）和中国馆（室内展馆），与之交叉的体验带路口无疑也将成为另一处进入湖区的起始空间（B 点）（图 3-9）。

图 3-8　青杨洲现状杨树照片（2017 年 4 月）、模型及建成照片（2018 年 12 月）

图 3-9　世园会围栏区 1-10 号出入口分布及核心区入口分析图

图 3-10   2019 北京世园会核心景观区全景图

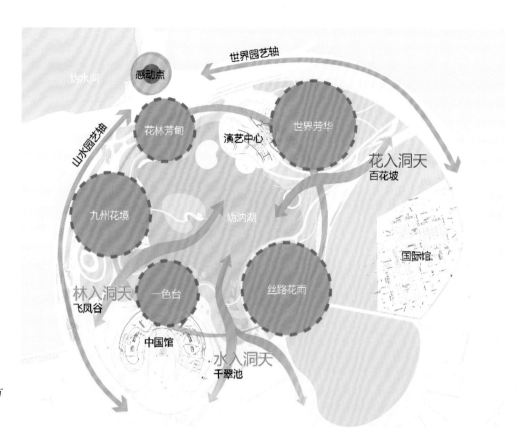

图 3-11 核心景观区三种进入方式"别有洞天"

图 3-12 妫汭湖实景照片

为求扩大湖面的"域野",设计试图将入口低调处理以达到"反差",因此无论从以上哪一处进入主湖都将经历"开—合—开"的空间转换。设计以"别有洞天"的意境塑造出三种性格的"合"空间,从"园艺"和"自然"中提取出林、水、花三种要素赋予了空间不同的特质,最终形成"林入洞天""水入洞天"和"花入洞天"三种进入湖区的方式(图3-11)。

1.2.3 重构:融合东西方文化的自然山水画卷

"拆解"和"转化"实际是对场地信息层的"筛选",从而"重构"出一幅新的三维空间中的"自然山水画卷"。

在设计阶段,中国馆方案几经论证后定为"锦绣如意",不再采取"牡丹花开"的形式语言,而是以传统"如意"为造型,"叠瓦为顶,排梁为架,致敬中华传统工匠精神"。湖区也相应作出调整,仅保留"妫汭湖"的名称——因核心区位于妫河转弯处,仍取其"妫水弯曲的地方"之意。

妫汭湖区整体取材"尧舜治理妫水、开创华夏文明盛世"的典故,运用现代景观语言和设计手法,将传说中"百谷时熟,百姓亲和,凤凰来翔"的尧舜居住之地,转译成为如今"百果千花,万国齐聚,把酒欢歌、融合共庆"的园艺盛会——核心区立意也由此转变为"人间仙境,妫汭花园"(图3-10)。

1.3 妫汭湖设计与营建

核心景观区整体围绕妫汭湖依次展开,包括飞凤谷、千翠池、百花坡三个极具辨识度的线性入口空间,以及九州花境、一色台、丝路花雨、世界芳华和花林芳甸五个主要区域,它们自成画境,共同构成了核心区的美丽景观(图3-12)。

1.3.1 飞凤谷——林入洞天

"林入洞天"取名为"飞凤谷",意为"凤凰舞花谷,心与云俱开",设计将该入口的空间序列定义为:平原(开)—山林(合)—湖面(开)。抬高入口两侧的地形(图3-13),同时在道路边缘和山腰处点缀山石组合(永久性)及花境(临时性),随着道路以接近5%的坡度缓缓下降,游人的行进节奏从高处的"平原"收缩为低处的"山谷",再经由一个轻微的转弯行至银红槭下的鲜花码头(花船),平阔如镜的湖面突至眼前,境界为之一开(图3-14)。

图3-13 飞凤谷两侧地形抬高效果图　　　　图3-14 鲜花码头方案阶段效果图

1.3.2　千翠池——水入洞天

中国馆主体建筑远观如山般横亘。"水入洞天"邻近中国馆东侧，与之共同诠释传统与当代交织的中国山水文化，命名为"千翠池"：由高至低仿照喀斯特钙化叠湖与溪峡地貌，设计建成斑斓涟漪的"千翠池"，随着池水清波荡漾，蔚蓝宝绿，浅碧绛黄。景点以瑰丽的色彩，曼妙的形式，向中国壮阔大地上的旖旎山水致敬。（图3-15至图3-17）。

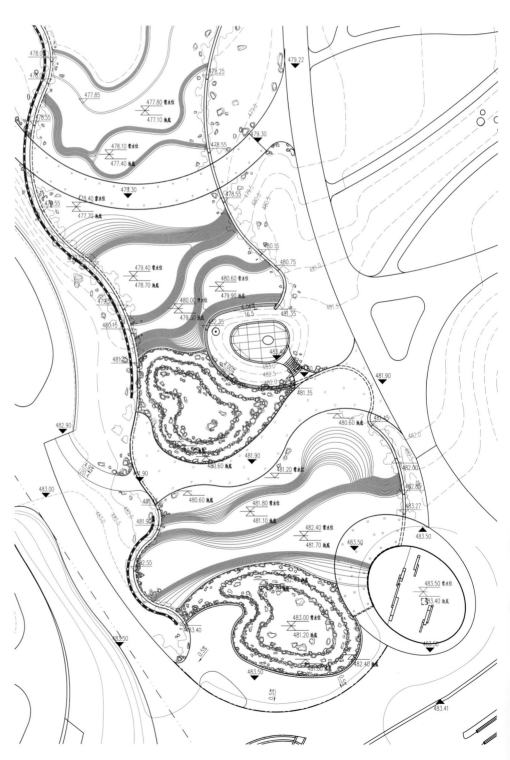

图 3-15　千翠池剖面图

图 3-16　千翠池实景

图3-17   千翠池实景照片

1.3.3 百花坡——花入洞天

"花入洞天"临近演艺中心、国际馆和世界园艺轴，设计突出时尚前卫的园艺体验。自然地形塑造的缓坡与其上成片种植不同色彩的观赏草花组合形成"彩云"，强调行进过程中花与人的互动性与趣味性（图3-18、图3-19）。

"彩云"过后，乍现"千里江山邀月门"（图3-20），采用铝格栅材质和形式，最大限度还原"明月"轻巧、朦胧的形象，作为整个百花坡空间序列的尾声，与更大范围的湖面、天空连成一体，整体营造"彩云追月天长久，百花争艳香满园"的穿行空间。

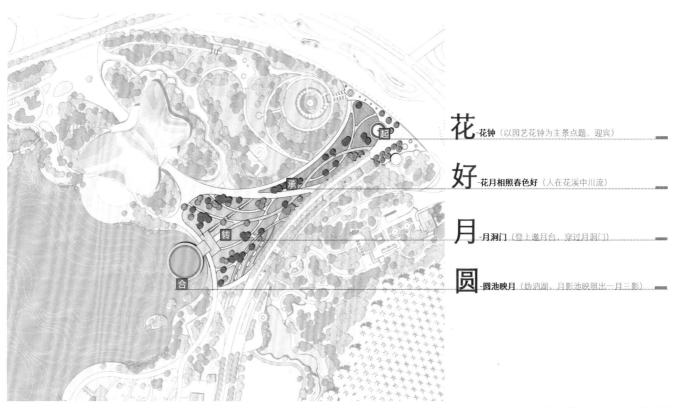

花 -花钟（以园艺花钟为主景点题，迎宾）

好 -花月相照春色好（人在花溪中川流）

月 -月洞门（登上邀月台，穿过月洞门）

圆 -圆池映月（妩汋湖，月影池映照出一月二影）

图 3-18 百花坡节点空间序列分析图

图 3-19 百花坡方案阶段效果图（左）与施工照片（右）

图 3-20　邀月门方案阶段效果图
（左）与实景照片（右）

1.3.4　九州花境

"九州花境"主要是对精品花卉的静观欣赏。该区域可以看作是飞凤谷的延续，设计主要表现华夏大地不同地理环境下的园艺景观特色。以中华传统名花为"图"，展开一幅"华夏地貌各异，九州名花盛放"的瑰丽画卷。

设计选取六种主体植物对应六个典型华夏地貌，突出春、夏、秋三季的不同感受，避免同一区域植物配置同质化，例如早春开放的梅花栽于谷地（飞凤谷），初夏盛开的牡丹位于台地（牡丹台），杜鹃成规模片植于槭树林下，玫瑰和石榴与岩石园结合布置。

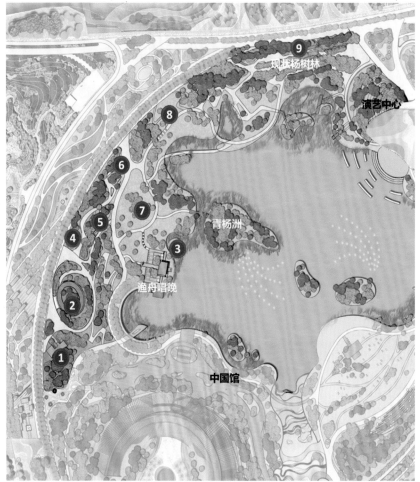

图 3-21　九州花境平面图

图 3-22 岩石园实景照片

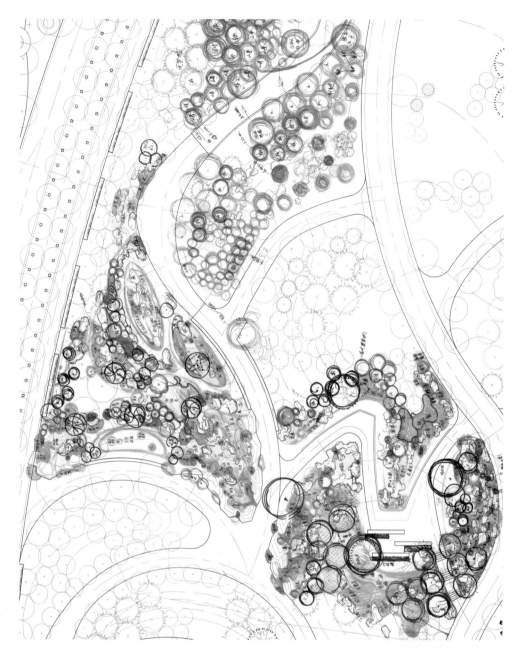

图 3-23   九州花境岩石园与杜鹃
园方案

图 3-24   岩石园实景照片

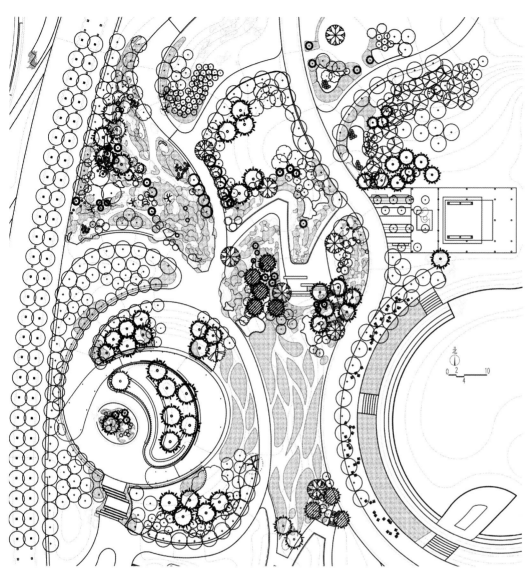

岩石园主要苗木品种:

1. 矮紫杉
2. 翠蓝柏
3. '蓝星'高山桧
4. 叉子圆柏
5. 美蔷薇
6. 福禄考 - 紫色
7. 老鹳草 - 蓝花
8. '紫雾'荆芥
9. 岩青兰
10. 西伯利亚鸢尾 - 白色
11. 山韭
12. 匍匐百里香
13. '闪耀玫瑰'西伯利亚鸢尾
14. 马蔺
15. '抉择'荆芥
16. 桔梗
17. 针叶福禄考 - 淡蓝色
18. '蓝山'林荫鼠尾草
19. '玫红地神'紫菀
20. 轮叶婆婆纳
21. 品种萱草
22. '南瓜派'金鸡菊
23. '烟火'一枝黄花

图 3-25 岩石园花卉施工图

图 3-26 岩石园实景照片

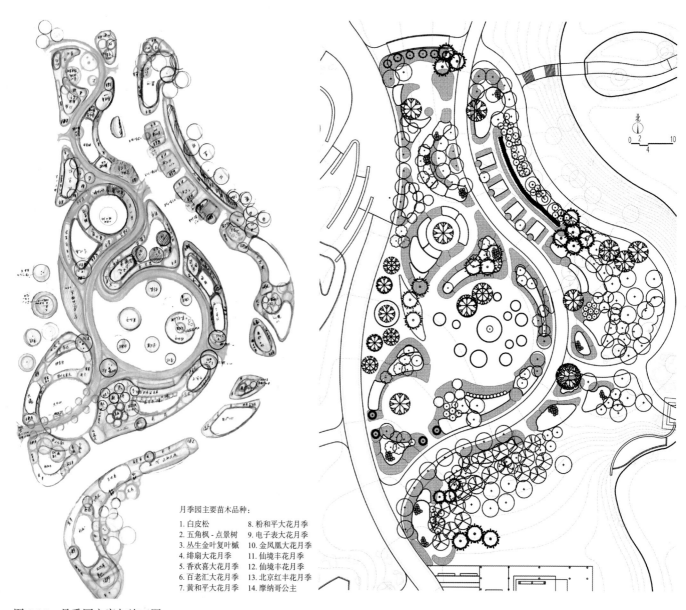

月季园主要苗木品种：

1. 白皮松
2. 五角枫 - 点景树
3. 丛生金叶复叶槭
4. 绯扇大花月季
5. 香欢喜大花月季
6. 百老汇大花月季
7. 黄和平大花月季
8. 粉和平大花月季
9. 电子表大花月季
10. 金凤凰大花月季
11. 仙境丰花月季
12. 仙境丰花月季
13. 北京红丰花月季
14. 摩纳哥公主

图 3-27　月季园方案与施工图

图 3-28　月季园实景照片

图 3-29　牡丹台方案与实景照片

　　由于此地视野宽阔且靠近湖面，"牡丹台"（图 3-29）和"日新苑"成为九州花境景区最具特色的两个节点。从牡丹台远眺妫汭湖东岸的邀月门，是整个湖区最长的观景视廊。为尽可能呈现最佳观赏面，牡丹台节点地坪被有意识地抬高，为了不对其西侧的山水园艺轴产生压迫感，同时又保证从对岸观赏天田山和永宁阁的景观效果，最终的设计标高确定为 485.5m，高于山水园艺轴标高 1m，距离驳岸标高相差 8m。当游人从山水园艺轴经台阶进入牡丹台后，首先看到前景"松石"组合，经由 6% 的坡道进入牡丹展示区，而后透过玻璃砖墙可看到隐约浮现的湖区对岸景观。（图 3-30）

　　为贴合"日新苑，落霞与孤鹜齐飞"的古典画意，设计从传统木构建筑的特点切入，借用《雪堂客话图》中"坡屋顶""竹格栅"和"石基座"的形式加以提炼（图 3-31），结合胶合木、竹钢、方片木瓦等当代建筑材料，将屋顶与驳岸和水面融为一体，游人可将妫汭湖对岸的缥缈景色尽收眼底。

图 3-30　从日新苑远望中国馆与牡丹台

图 3-31　从一色台看日新苑及青杨洲

1.3.5　一色台

中国馆北侧出口是进入湖区的一处重要通道，设计将中国馆内部地面整体"延伸"出去，一方面增加了建筑前景的层次，另一方面可以遮挡一部分台阶立面。一色台主体采用钢结构外喷仿木纹漆；为更好地融于周边植物环境，设计增加了若干实心与空心的绿岛和树洞，弱化了一色台本身的实体感。

"一色台"自由曲线的形式如轻巧的云萦绕山间，与山（中国馆）、水（妫汭湖）巧妙地融为一体（图 3-33）。游人凭台，近收青杨洲远眺冠帽山"江天一色无纤尘，鱼龙潜跃水成文"。

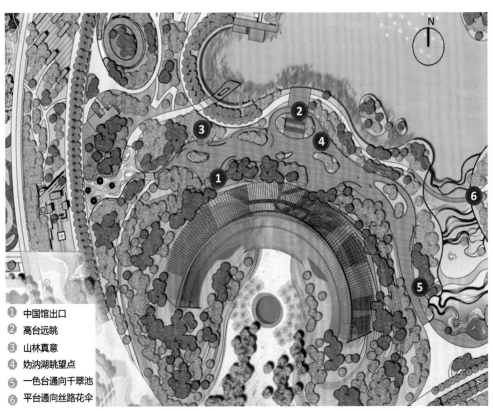

❶ 中国馆出口
❷ 高台远眺
❸ 山林真意
❹ 妫汭湖眺望点
❺ 一色台通向千翠池
❻ 平台通向丝路花伞

图 3-32　中国馆一色台平面图

图 3-33　中国馆一色台实景照片

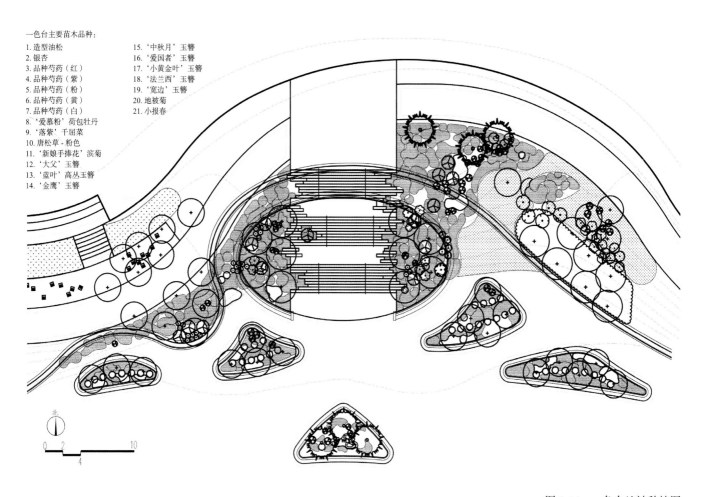

一色台主要苗木品种:
1. 造型油松
2. 银杏
3. 品种芍药（红）
4. 品种芍药（紫）
5. 品种芍药（粉）
6. 品种芍药（黄）
7. 品种芍药（白）
8. '爱慕粉'荷包牡丹
9. '落紫'千屈菜
10. 唐松草 - 粉色
11. '新娘手捧花'滨菊
12. '大父'玉簪
13. '蓝叶'高丛玉簪
14. '金鹰'玉簪
15. '中秋月'玉簪
16. '爱国者'玉簪
17. '小黄金叶'玉簪
18. '法兰西'玉簪
19. '宽边'玉簪
20. 地被菊
21. 小报春

图 3-34　一色台地被种植图

1.3.6　丝路花雨

从中国馆经千翠池一路向东可以看到一大片缀花草地，即"丝路花雨"——讲述"一带一路"相关的园艺故事，在后期方案设计阶段，这里不再承担综合规划阶段要求的表演功能（转至演艺中心），但保留延续了"草坡剧场"的氛围，也因此变为一处难得的可以供人们放松、休憩、相对纯粹的空间（图3-35）。

图 3-35　丝路花雨效果图

该节点由分别象征海上丝绸之路和陆上丝绸之路的园路围合缀花草坡组成，两条园路以青铜和瓷片材料展示一带一路国家的园艺文化；草坡上散置休闲坐凳与大型蒲公英装置艺术，其轻盈、灵动的形象寄托着"交流""传播"与"生生不息"的美好寓意。沿着湖区的最长视廊从丝路花雨看台望向对岸，可依次看到缀花草地、青杨洲、掩映在花丛中的"牡丹台"及其背后的天田山、永宁阁；而从牡丹台回望，远处又可见湖区草坡、看树木以及掩映在树丛中的国际馆，视廊两端正形成"看"与"被看"的对景关系。

1.3.7　世界芳华

"世界芳华"位于世界园艺轴通向感动点之处，毗邻演艺中心又面向妫汭湖，为承载演艺中心"蝴蝶"的尺度，使对岸观景时可见蝴蝶掩映于绿荫之中。设计一方面需要整体抬高建筑的"绿荫背景"，使之与蝴蝶体量相匹配；一方面又要兼顾其展示世界各地园艺品种的需求。该节点整体以"大地景观"几何地形为特征，分区展示世界闻名的园艺植物；其中心的"花之王冠"又以国花台的形式展示各国、各地区的名花（图3-37）。

1.3.8　花林芳甸

"花林芳甸"是湖区保留原基址景色最多的节点，也是湖区最具野趣、最轻松自然的一处珍贵的静谧花园，现状一片参天笔直的杨树林自西向东横贯于场地之中，设计于林下播撒成片的野花草甸，引来飞舞的蝴蝶、林鸟聚集于此。营造"满目缤纷踏芳甸，月照花林皆似霰"的意境。

图3-36　世界芳华设计平面图

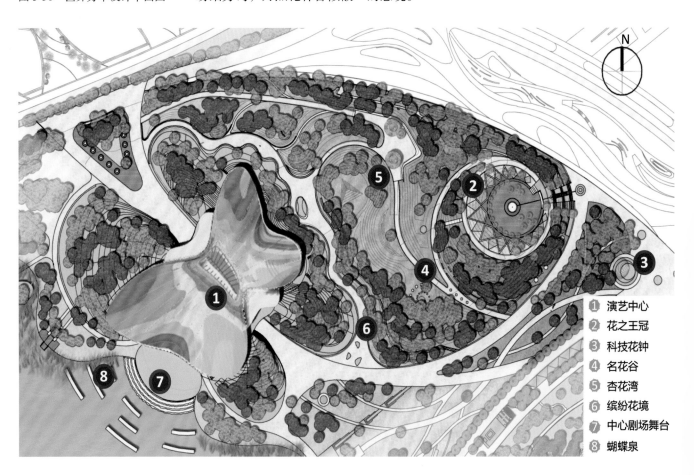

1 演艺中心
2 花之王冠
3 科技花钟
4 名花谷
5 杏花湾
6 缤纷花境
7 中心剧场舞台
8 蝴蝶泉

图 3-37　世界芳华节点方案阶段鸟瞰图

　　围绕妫汭湖展开的核心区最终将以山水园艺轴最北端的"晴日台"作为该段旅途的尾声（图 3-38）。晴日台高 3.5m，分别以坡道、台阶连接山水园艺轴和湖区。当游览过繁花似锦的"妫汭八景"，再经由台阶缓缓登上晴日台，人们将透过树梢、枝叶看到妫河对岸最朴素、真实的"大自然"，强烈对比之下，后者未经雕琢的美才显得更加珍贵（图 3-39）。

图 3-38　晴日台实景照片

图 3-39   晴日台实景照片

1.4　其他景点设计与营建

1.4.1　忘倦堂

取自《长物志》中的"室庐"，院落以"美丽家园"为题，在厅堂与连廊中载入园艺花卉精美雕刻，在院落环境中设置有家园生活气息的器具，使游客在休憩的同时，感受到园艺文化带来的雅致格调和生活情趣（图3-41）。

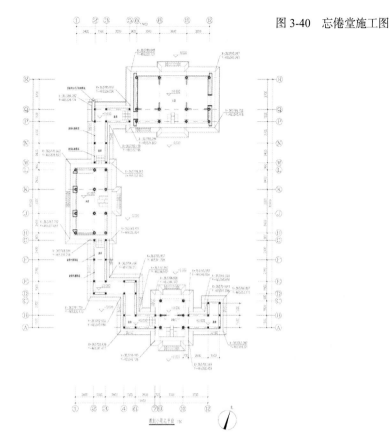

图 3-40　忘倦堂施工图

图 3-41　忘倦堂实景照片

1.4.2　并秀台

景名取自高濂："孟夏之日，万物并秀"。借现状坡地，依托现状大榆树，稍加修整成台，中心为一带一路主题花园，栽植百合、郁金香和风信子等丝路园艺植物，展示中国原生植物的传播和一带一路植物的应用。登台可环望，远山近水尽收眼底（图 3-43）。

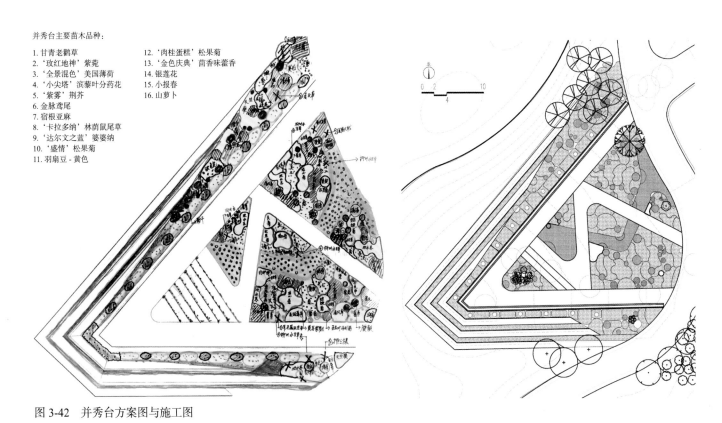

并秀台主要苗木品种：

1. 甘青老鹳草
2. '玫红地神' 紫菀
3. '全景混色' 美国薄荷
4. '小尖塔' 滨藜叶分药花
5. '紫雾' 荆芥
6. 金脉鸢尾
7. 宿根亚麻
8. '卡拉多纳' 林荫鼠尾草
9. '达尔文之蓝' 婆婆纳
10. '盛情' 松果菊
11. 羽扇豆 - 黄色
12. '肉桂蛋糕' 松果菊
13. '金色庆典' 茴香味藿香
14. 银莲花
15. 小报春
16. 山萝卜

图 3-42　并秀台方案图与施工图

图 3-43　并秀台实景照片

1.4.3　友谊花园

依托国际馆，以花会友，融合东西方花园形式和文化，寓意世界各民族和平友谊。在中心区通过水景和园艺景观，营造出世界风情、宜坐宜游宜赏的园艺花园。

1.4.4　丝路驿站

以"丝路花雨"为主题，通过园艺植物、丝绸廊架和文化设施，讲述中国原生植物在世界传播的故事，包括杜鹃、月季、萱草、菊花、牡丹、桃树、荷花等（图3-45）。

图 3-44　丝路驿站效果图

图 3-45　丝路驿站实景照片

2　天田园——高阁邻妫水，平湖映天田

2.1　区　位

天田园位于核心景观区，山水园艺轴的端点，与妫河交界，是园区的主山。天田园东隔山水园艺轴与妫汭湖及中国馆相望，西接园艺小镇，北临妫河，南为城市展园。红线内南北长 435m，东西最宽处为 402m，总面积为 12.22hm^2。

2.2　设计解读与立意

作为东道主，世园会的核心展区应突出中国特色，把最优秀的传统文化展现给世界。

天田园做为全园的核心景观区，应表现中国传统文化，展现中国园林园艺特色。因此"虽由人作，宛自天开"的中国古典园林风格是最佳的选择。

在中国园林中，山、水是造园的基本要素，同时山水也是不可分割的整体，山因水活，水随山转，山水相依，相得益彰。

2.2.1　概念解读

在全园的整体景观序列中，天田园是代表中华园艺文化的山水园艺轴的端点，也是全园最高点，承载着回归生态文明、回归自然生活的理念表达。

设计以"回归自然"为主题，通过"一山、一园、一阁"展现一幅"高阁临妫水，平湖映天田"的盛世景象。

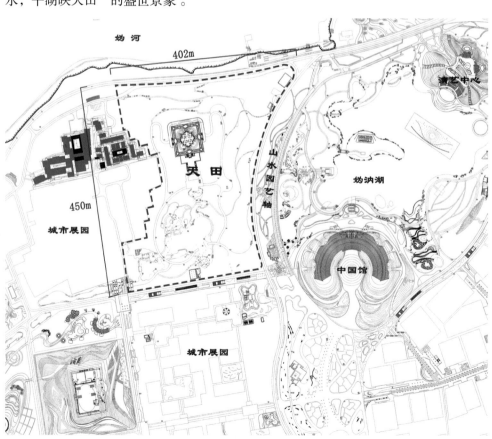

图 3-46　天田山周边景点分布环境图

"一山"指天田山，以花田为特色景观，寓意"五谷丰登、山花烂漫"。

"一园"指文人园，以清幽的文人园林风格寓意"诗情画意、寄情山水"。

"一阁"指永宁阁，巍峨高耸，俯瞰全园，寓意"国泰民安、盛世永固"。

2.2.2　功能分区

在总体定位的指导下，结合设计概念，将天田园分为花田区、文人园区、台地园区以及永宁阁四大功能区。

图 3-47　天田园平面图

① 入口广场
② 花田
③ 采菊台
④ 丹枫台
⑤ 永宁阁
⑥ 松壑流泉
⑦ 竹里馆
⑧ 荷风馆
⑨ 墨梅畔
⑩ 幽兰亭
⑪ 电瓶车站
⑫ 次入口

图 3-48 天田山鸟瞰图

（1）山顶——永宁阁

　　永宁阁位于园会山水园艺轴北端的天田山上，永宁阁占地面积728m²，主体面积2116.25m²，廊庑面积844.92m²，建筑高度23.90m，檐口高度20.00m，为全园的制高点和标志性建筑。

图 3-49 永宁阁设计方案

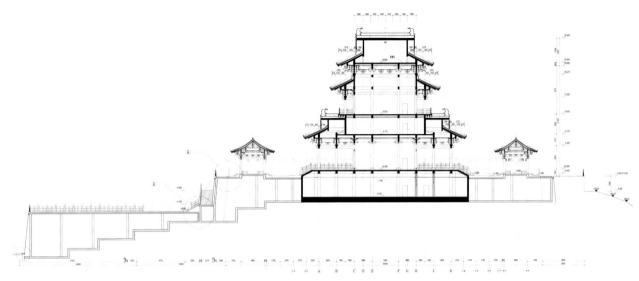

图 3-50 剖面图

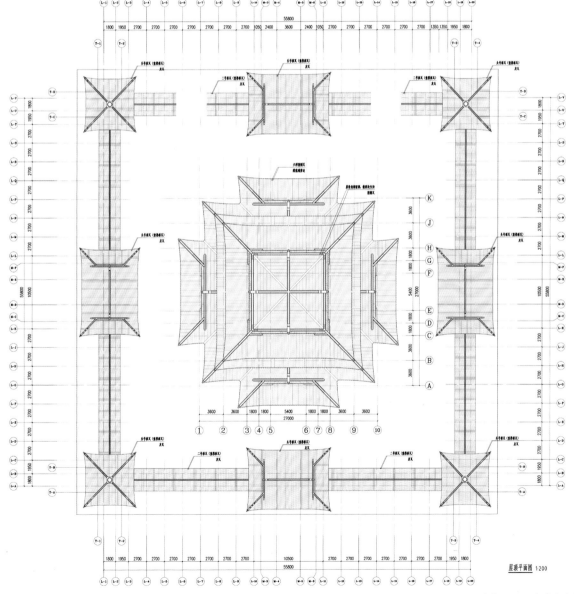

图 3-51 永宁阁屋顶平面

图 3-52 永宁阁实景照片

天田山北临妫河，远眺燕山，俯瞰妫汭湖。根据2019北京世园会组委会审定通过的《2019北京世园会园区综合规划及周边基础设施规划方案》要求，天田山顶兴建一座楼阁，作为这一地区的标志性景观，同时作为俯瞰全园的观景点。

永宁阁定名：延庆有古城名永宁，取"永宁之阁，其宁惟永"之义为名。《尚书·吕刑》："一人有庆，兆民赖之，其宁惟永。"传曰："天子有善，则兆民赖之，其乃安宁长久之道。"故定名为：永宁阁，寓意政通人和、国泰民安。

永宁阁并未照搬历史上的某一特定楼阁，而是在对我国中古时期诸多楼阁名作加以综合研究的基础上进行的一次再创作。永宁阁建筑形象是对中古时期几座历史名楼的综合借鉴与灵活变通，既非凭空捏造，也非简单抄袭，而是学有所本，仿中有创，是一次礼赞传统的重新创作。在平面形态上，为适应山体地形，永宁阁舍弃了奎文阁的长方形平面和《滕王阁图》的丁字形平面，而是采用了与《黄鹤楼图》相近的集中式构图，首层四面出抱厦，屋顶歇山十字脊。这样做的目的，一是为了更好地适应山体地形，二是可以减轻体量，避免造成压迫感。在细部特征，如檐角生势、栱昂做法和瓦作用脊等方面，重点吸收了辽金建筑的地方特征，使建筑形象呈现出更多的北国豪劲之风。

永宁阁地下一层，地面以上明两层，暗一层。自承台地面至正脊总高27.6m。底座为1.2m高的青白石殿阶基，四周护以单勾栏。台基四面均设踏道，北面东西两侧利用台基窝角加设无障碍坡道。

首层为入口大厅，用于人群集散，内设两部楼梯和一部无障碍电梯。暗层用作陈列厅。明二层为观景大厅，室内高堂邃宇，四周檐廊环绕，凭栏于此，可尽赏河山美景。地下一层为多功能厅，用于举办展览和小型活动。

　　阁平面正方形，四向对称。首层广深各五间，四面出龟头式抱厦，抱厦广小三间，深一间。腰檐以上为平坐，平坐之下为暗层。明二层建于平坐之上，殿身广深各三间，副阶周匝深半间。屋顶重檐歇山十字脊，内藏消防水箱间。

　　永宁阁用材，广225，厚150，相当于《法式》四等材，与隆兴寺摩尼殿和晋祠圣母殿相当，略小于独乐寺观音阁和佛宫寺释迦塔。当心间用双补间，次间用单补间。首层腰檐、抱厦及二层副阶斗栱均为五铺作，外转出一杪一昂，里转减跳出一杪。二层殿身斗栱六铺作，外转出一杪两下昂，里转减跳出两杪。平坐斗栱五铺作，外转出两杪。

　　永宁阁用柱，凡檐柱均卷杀为梭柱。除首层檐柱外，二层殿身檐柱及四根内柱贯通落地，二层副阶檐柱与平坐柱用通柱，但不落地，而是立于首层廊栿中央。该做法仅见于孔庙奎文阁，其优点在使首层柱位分布均匀，有利于荷载分布及结构整体性。宽大的檐廊和抱厦可供游人于登阁前在此排队等候，便于人员密集时的人流组织和安全疏散。

　　永宁阁用梁，分草栿、明栿两种。草栿为钢筋混凝土框架梁，隐于平棊内不可见，明栿卷杀为月梁。为统一斗栱做法并规范顶棚形式，月梁无论位置及跨度、高度均为两材两栔。首层檐廊乳栿和二层副阶劄牵自第二跳入铺作，二层殿身乳栿自第三跳入铺作。

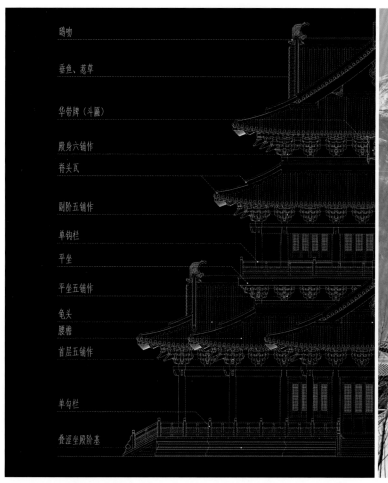

图 3-53　永宁阁立面设计

图 3-54　雅称斋高框景永宁阁

永宁阁用瓦，采用削割瓦加绿剪边做法。该做法曾广泛应用于古代宫廷以外的官方工程中，如北京钟鼓楼及各城门城楼、箭楼等。檐头瓦为设计订制，瓦当为莲花纹华头筒瓦，滴水为波浪边重唇瓪瓦。

永宁阁用脊，采用仿中古垒瓦脊做法。正脊两端鸱吻形象摹自独乐寺山门辽代原物。垂脊、角脊均以莲花纹脊头瓦收头，不用兽头及蹲兽。

位于承台四周的门庑亭廊均为纯木结构，内部彻上明造，柱间遍设坐槛。其中，门庑为歇山厦两头，面阔三间，进深一间。当心间用双补间，次间用单补间，山面用三补间。角亭为四角斗尖方亭，每面用双补间。门、亭用材广150，厚100，略大于《营造法式》八等材。斗栱均为五铺作偷心做法，外转出单杪单下昂，里转出两杪。值得一提的是，门、亭转角均未使用抹角梁或趴梁，而是利用补间及转角铺作昂身上出，挑斡一材两栔以承托下平槫，使斗栱的结构作用得以充分体现。游廊每段七开间，每间用单补间。用材比八等材酌减一等，广120，厚80。斗栱四铺作出单杪。

图 3-55　永宁阁实景照片

图 3-56　永宁阁实景照片

图 3-57　花田与中国馆夜景

（2）东坡——花田景观

中华园艺脱胎于古老的中华农耕文明。因此，在天田山的东坡，设计了一处以农耕文化为主题的景观。设计将高差约 20m 的山坡，处理成梯田的造型。环绕天田山，20 多道梯田色彩各异、错落有致。在梯田中种植适应延庆气候的香雪球、美女樱等各花卉品种，形成层层叠叠的山花烂漫、优美壮观的花田景观，从而将农耕文化与园艺艺术自然融合为一体。通过花田上的几组稻草艺术雕塑，展现包括耕地、播种、浇水、施肥、丰收等花农辛勤劳作的场景，寓意祖国繁荣昌盛、五谷丰登。

（3）南坡——文人园

文人园位于山体的南坡，总面积约 5hm²。设计以"回归自然，寄情山水"为主题，将中国传统文化中的诗、画艺术与植物景观巧妙融合，自然质朴地展示传统园林植物文化的诗情画意。设计以植物作为线索和主要设计元素，通过对梅兰竹菊"四君子"及"岁寒三友"等传统植物文化的总结、提炼，选取了最具代表性的七种植物，并以这七种植物为主题，用造园手法将赞颂这些植物的诗、画进行艺术表现，并通过与山形水系结合展现出一幅独具韵味的传统园林画卷。

（4）北坡和西坡——台地景观

台地位于山体的西、北两侧，面积约 3.4hm²。由于此处坡度较陡，因此采用台地种植的形式。种植以耐阴的松栎混交林为主，同时突出秋景，种植黄栌等秋色叶树种，与山下的妫河共同营造一片漫江碧透、层林尽染的画面。

2.3 景点设计与营建

天田园的设计的一大特点是对传统园林的植物文化进行创新性的实践运用，每个景点均以具有代表性的植物为主题，将植物文化与中国传统文化的诗、画相结合，将中国传统哲学中的"植物比德"以造园手法进行展现。

2.3.1 幽兰亭

中国兰文化渊远流长，兰花超凡脱俗，气质高雅，有"国香、香祖、王者香"的美称。"兰"在儒家的各种典籍中被广泛地作典故引用，使兰成为一个具有一定的理想内容、感情色彩的文化观念，成为一个文化符号。

"幽兰亭"以兰花为主题，以质朴、幽雅为景观风格。景点选址于园区南侧山体所围合的半开放空间中，相对独立、私密。景观形式上，借用《兰亭序》中所描绘的曲水流觞的场景。设计利用亭、曲水、置石等元素来对该场景予以还原，以亭及萦绕的溪流为景观主体，高低错落的景石置于溪流两侧，隐喻临溪而坐的文人雅士，同时便于游客临溪而坐，身临其境。萦绕的溪流围合成中心场地，场地周边散布刻字景石，雕刻兰花诗文，以呼应主题。场地南侧临溪布置四角攒尖亭，坐落于自然石上，高出地面 1m 左右，泉水从亭下流出，增加生趣，同时叠水声反衬环境的幽静。由亭向北，设计一条透景线，可与山顶永宁阁互望。

在种植上，花木色彩的搭配力求淡雅，中心场地中设计元宝枫树阵，打造幽静的绿荫氛围。由于受到北京地区气候的限制，故选择形态近似于兰花的马蔺及鸢尾

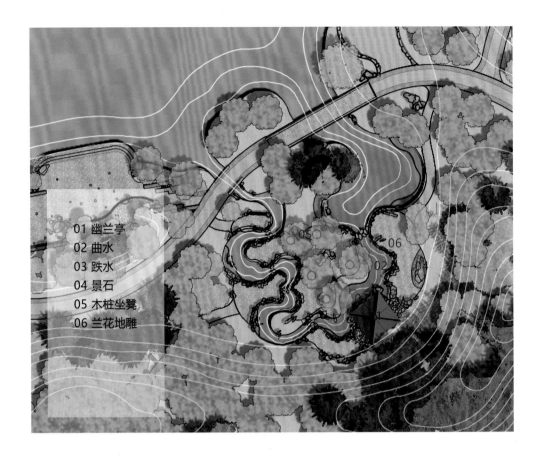

01 幽兰亭
02 曲水
03 跌水
04 景石
05 木桩坐凳
06 兰花地雕

图 3-58   幽兰亭景点平面图

图 3-59   幽兰亭实景照片

类，沿着溪流结合微地形和置石种植，打造岸芷汀兰、空谷幽兰的景观。

在表现兰的文化内涵方面，设计选用了孔子的"幽兰操"来命名亭子，其诗影响深远，其中的"兰当为王者香""兰之猗猗，扬扬其香。不采而佩，于兰何伤。"等词句传诵后世；同时选用多首著名的咏兰诗词，镌刻于多个景石上；选用了名家的兰花图，制作铜地雕，嵌于铺装之间。让游人在游览时，从诗歌、绘画中体会兰花的文化，寓情于景，诗、画、景融合。

2.3.2 墨梅畔

梅花清癯典雅，象征隐逸淡泊，坚贞自守；梅干老辣苍劲，迎霜破雪傲寒绽放，象征不畏权势，刚正不阿。梅花在中国传统文化中，已成为一定社会背景下人们精神追求的目标。

图 3-60 墨梅畔景点平面图与种植图

图 3-61 墨梅畔实景照片

墨梅畔设计以"梅"为主题，场地选在湖南岸与竹里馆隔水相望的位置。主景墙上雕刻毛泽东主席的"咏梅"，并在山石上以雕刻的形式表现最著名的元朝大画家王冕的"墨梅图"。另外在广场上及水中设置了两组鹤的铜雕，隐喻著名的"梅妻鹤子"的故事。种植上以梅为主，品种选用北京适生的几个品种，包括杏梅–丰后、杏梅–淡丰后、美人梅和少量的真梅（江梅、真梅–宫粉、真梅–玉蝶、真梅–绿萼等几个品种）。

2.3.3　荷风馆

荷花是我国古典文学重要题材，是高洁、平和的象征，古今文人喜欢以荷言志、以荷比物、以荷兴思，荷花高雅的风韵渗透到了人类的精神世界。

荷风馆设计以"荷"为主题，以周敦颐的《爱莲说》为载体，表现荷花"出淤泥而不染，濯清涟而不妖"的品格。景点由水榭、亭廊围合出一个湖面，水中满植各个品种的荷花，形成以荷花为主题的庭院。同时通过景石上雕刻多处诗词名句、铜雕表现荷花的优美姿态，使游人沉浸在荷花的景观与文化中。

01 景石
02 荷花铜雕
03 荷花地雕
04 曲桥
05 荷风馆
06 听雨轩
07 亭

图 3-62　荷风馆景点平面图

2.3.4　竹里馆

在中国传统文化语境中，竹既是高风亮节，刚正不阿的象征，又是谦虚淡泊，潇洒俊逸的化身。历代诗人、画家咏赞、描绘的对象。

竹里馆设计以"竹"为主题，以王维辋川别业中的"竹里馆"为载体，选取王维《竹里馆》诗的意境。

> 独坐幽篁里，弹琴复长啸。
> 深林人不知，明月来相照。

景点选在依山面水的南坡，由水榭和爬山廊围合而成一座庭院。院中堆筑假山，将湖水引入庭院，溪流在山石间潺潺流动，配合多品种的竹的种植，形成诗中所描绘的"幽篁"景观，结合山石设置王维"弹琴复长啸"的雕塑，将诗中意境展现。

竹类主要选用了早园竹、紫竹、黄金间碧竹及箬竹等。在爬山廊西侧隔离出一个单独的院落，以辋川二十咏之木兰柴为主题，种植多种木兰科植物，包括白玉

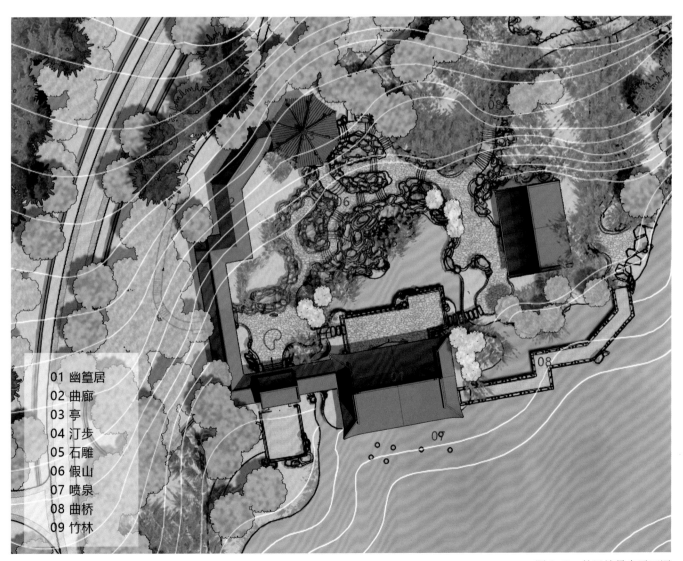

01　幽篁居
02　曲廊
03　亭
04　汀步
05　石雕
06　假山
07　喷泉
08　曲桥
09　竹林

图 3-63　竹里馆景点平面图

兰、望春玉兰、二乔玉兰、飞黄玉兰等。

2.3.5　松壑流泉

松高大挺拔、凌霜傲雪。孔子曾写到"岁寒然后知松柏之后凋也"，赞美了松的君子品格。

设计以"松"为主题，选取王维《山居秋暝》中的意境，表现松的品格和风姿。

空山新雨后，天气晚来秋。

明月松间照，清泉石上流。

在形式上，设计参考了明代画家蓝瑛的《松壑图》，采用假山叠水的形式，从半山引水，形成高差约12m的山涧，表现从山泉沿着壑，蜿蜒重叠流入湖面的景观。清泉边种植造型油松，形成山水画般的景观，同时在山泉边的景石上雕刻咏松的诗词，让游人缘溪品诗，如进入山水画中游览的感觉。

2.3.6　采菊台

菊花在我国己有3000多年的悠久历史。它代表了芬芳高洁，不从流俗，卓然独立的君子品格，被誉"花之隐逸者也"。战国屈原在《离骚》中以"夕餐秋菊之

图 3-64　竹里馆实景照片

图 3-65　松壑效果

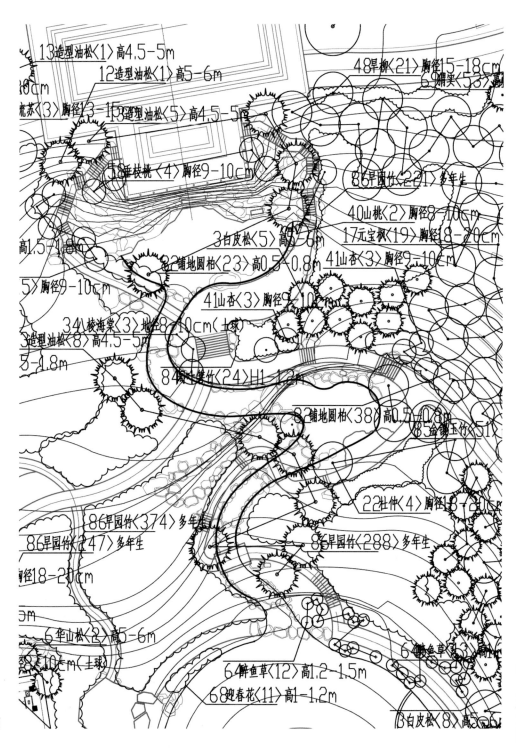

13造型油松〈1〉高4.5-5m
12造型油松〈1〉高5-6m
造型油松〈5〉高4.5-5m
48旱柳〈21〉胸径15-18cm
3流苏〈3〉胸径13-15
3海棠桃〈4〉胸径9-10cm
86早园竹〈221〉多年生
3白皮松〈5〉高5-6m
40山桃〈2〉胸径8-10cm
17元宝枫〈19〉胸径18-20cm
32铺地圆柏〈23〉高0.5-0.8m
41山杏〈3〉胸径9-10cm
41山杏〈3〉胸径9-10
高1.5-1.8
5〉胸径9-10cm
34八棱海棠〈3〉地径8-10cm(土球)
造型油松〈8〉高4.5-5
5-1.8m
84早园竹〈24〉H1-1.2
32铺地圆柏〈38〉高0.5-0.8m
3金镶玉竹〈51〉
22杜仲〈4〉胸径8-
86早园竹〈374〉多年生
86早园竹〈247〉多年生
86早园竹〈288〉多年生
径18-20cm
m
6华山松〈2〉高5-6m
64醉鱼草〈3〉高
10cm(土球)
6醉鱼草〈12〉高1.2-1.5m
68迎春花〈11〉高1-1.2m
3白皮松〈8〉高5-6

图 3-66　松壑种植图

落英"来象征自己品格的芬芳高洁，借菊花来比喻自己对高尚人格的追求。东晋的陶渊明将菊花作为隐逸者的形象得到了确立，"采菊东篱下，悠然见南山""不因彭泽休官去，未必黄花得须香"等诗句，将菊花开于暮秋，耐寒傲霜，不与群芳争艳的节气与诗人的境遇及品行融合到了一起。

采菊台设计以"菊"为主题，选取最能代表菊花品格的陶渊明诗——《饮酒（其五）》，表现菊的高风亮节的隐者品格，同时展现菊花所代表的理想中的田园生活。

饮酒（其五）

结庐在人境，而无车马喧。

问君何能尔？心远地自偏。

采菊东篱下，悠然见南山。

山气日夕佳，飞鸟相与还。

此中有真意，欲辨已忘言。

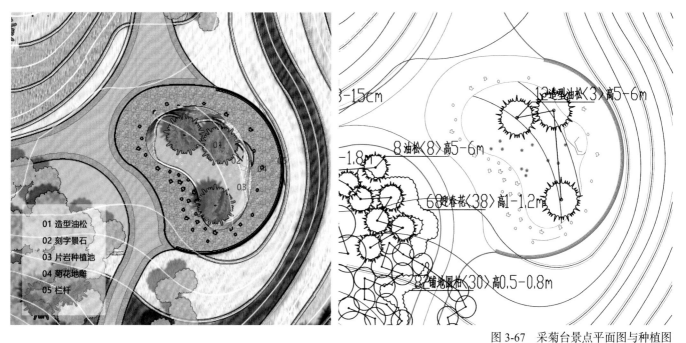

01 造型油松
02 刻字景石
03 片岩种植池
04 菊花地雕
05 栏杆

图 3-67　采菊台景点平面图与种植图

图 3-68　采菊台实景照片

设计选址于花田东南的一处挑台,近可观赏层层叠叠的花田,向南远眺可看到八达岭的绵延山脉和长城,真正为人们营造了一处"采菊东篱下,悠然见南山"的田园场景。场地内通过陶渊明的雕塑以及品种菊的种植,配合竹篱、竹篮等小品,表现诗人悠然自得的田园生活和超然独立的节操。

2.3.7 丹枫台

枫叶是秋色红叶植物的代表,是槭树科植物的统称。自古以来,人们爱好红叶,赞美红叶。红叶演绎了思念、悲秋与离别,还有不畏秋寒、生机勃勃的顽强精神。

丹枫台选址于天田山体北侧高约20m的山脊上,设计为长约20m的弧形观景平台,此处近可看山体北坡的山林秋色,更可俯瞰妫河、远眺官帽山。

丹枫台设计以"枫"为主题,选取杜牧的《山行》:

> 远上寒山石径斜,白云生处有人家。
> 停车坐爱枫林晚,霜叶红于二月花。

以此诗的意境,表现枫不畏秋寒,凋零前火红热烈的顽强精神。

场地入口处设置一块景石,将《山行》诗文雕刻其上。造型活泼、自然的种植池内种植丛生五角枫,场地地上散落枫叶形的铜雕,让游人在风景中体验诗意,在诗词中感受风景。

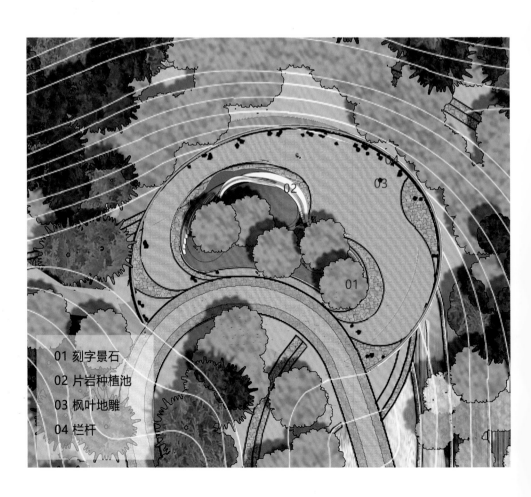

01 刻字景石
02 片岩种植池
03 枫叶地雕
04 栏杆

图3-69　丹枫台景点平面图

图 3-70 丹枫台实景照片

3 中华展园—公共空间的园艺客厅

3.1 中华园艺展示区展园布局与方案演变

中华园艺展示区的规划布局经过数月的研究，反复研讨，专家把关，综合决策，最终形成了落地方案，这个过程中有几版方案最具代表性。

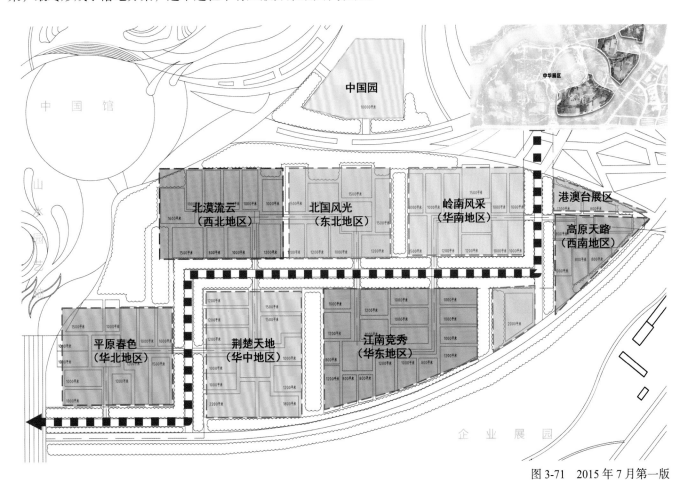

图 3-71 2015 年 7 月第一版

3.1.1　第一版

第一版中华园艺展示区的总体布局主要基于以下几点考虑：

交通组织方面：中华园艺展示区规划了两个出入口，强化与山水园艺轴与世界园艺轴的连通性，展示区内将过境游线与游赏游线相分离，形成主次分明，线性串联的交通组织模式。

这种交通组织模式结构相对清晰，但对于大型国际展会，存在人流对冲，不易疏散等诸多问题。

展园布局层面：以各地风貌特色分为平园春色（华北），漠北流云（西北），北国风光（东北）等八大展园组团，各个组团相对独立，旨在让游赏体验更具差异性。

第一版展园布局优势是用地最为集约，各个地方特色可以相对独立的呈现在游人面前，但缺点也最为明显，就是各个展园都没有独立背景，对于布展和观展都带来较大的难度。

公共空间布局：依托游赏游线和八个展园组团，形成八个放大的公共空间，既是组织展园进出的空间，也承满足市民休憩和公共景观展示的作用。

最初的公共空间布局相对分散，彼此之前缺乏逻辑上的联系，且由于尺度限制，很难满足大量游客停留休憩的需求。

3.1.2　第二版

第二版中华园艺展示区的总体布局方案有以下几个突破：

中华展园（40个）

图3-72　2015年12月第二版

交通组织方面：增加若干展区出入口，使得游赏组织更加灵活，让人流集散更为合理，展区内交通为环形布置，交通组织模式更为清晰。

环形的，单层级的交通组织模式带来了相对清晰的导向，但也使游线拉的过长，闭环的模式使"回头路"在所难免，无形中增加了游赏时间，降低了游赏趣味。

展园布局层面：依旧分为八个组团，展园均面向公共空间，背景有风景林及微地形。

这一版的展园布局为线性布局，较为松散，占地大。

公共空间布局：中华园艺展示区公共空间规划首次形成一个中心，即"梦想舞台"，"舞台"周边分布的"九州花镜"公共主题展区，与各地方展园形成较好的互补关系。

虽然这版规划还有很多问题，如公共空间占地太大，服务设施考虑不周等问题，但正是从这一版开始，公共空间的景观中心"梦想舞台"开始作为展区布局研究中的重要内容，并逐步发展为后来的"同行广场"。

3.1.3　第三版

第三版是在第二版基础上不断优化和完善的过程，主要体现在：

交通组织方面：结合园区交通规划的逐步完善，不断优化展示区内外交通联系，使展馆到展园，展园到周边交通的联络更加明晰。

图 3-73　2016 年 3 月起不断完善的第三版

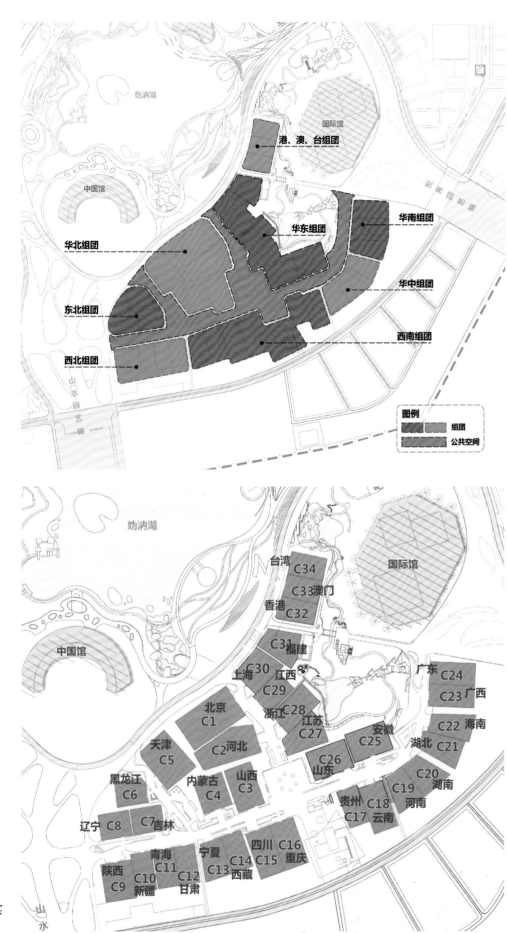

图 3-74   2017 年 6 月第四版（实施版）

展园布局层面：八个组团的布局模式基本延续下来，展园背景变化更加丰富，展园出入口和游赏动线紧密结合，通过合理布局，各个展园区位均好，为后续招展布展创造了较好的条件。

公共空间布局：公共空间的尺度得到优化，基本模式得到确定，为最终版打下了较好的基础。

3.1.4　第四版

第四版（实施版）经过专家论证，反复研讨，集思广益，最终确定了2019北京世园会中华园艺展示区的五大规划理念：

以人为本，景观优美。公共空间绿荫华盖，两侧休憩设施充足，保障游人在舒适的绿荫下游园，随走随停。溪谷、微地形、广场等空间形态让游客在游览展园的同时，体会到丰富的景观变化。

内外联动，游线简洁。展区出入口链接主要展馆及外围主要交通动线，内部串联各个展园，展园出入口均面向公共空间。

服务设施，分布合理。展区内部的服务设施涵盖综合服务区、临时服务点、休憩区等，满足游人餐饮、如厕和停留的需求。

区位均好，便于布展。经过反复推敲，展园分布毗邻展馆、出入口、中心广场、背景林带等重要空间，形成了各个展园区位均好的布局模式，非常便于后期招展布展。

内容充实，体验丰富。中华园艺展示区的公共空间与展园空间形成了很好的互补关系，极大地充实了展示形式与内容，游人既可在展园中感受各地园艺精品，也可在公共空间的"园艺客厅"中落座，在同行广场遍赏各地奇石，从而使观展体验得到了很大的提升。

3.2　中华展园公共空间景观设计

中国园艺文化博大精深，中华展园公共空间不仅要解决游赏组织和停留休憩的基本功能，还将成为中华园艺文化表达的重要窗口。

中华园艺展示区公共空间以"君子之道·园艺客厅"为设计理念，以"花中四君子"为园林文化语言，形成公共空间统一而富于文化内涵的装饰性元素，以园艺客厅为依托，打造品味园艺文化的舒适空间。而作为中华园艺展示区公共景观空间的核心，经反复研讨，被命名为"同行广场"。同行广场由抽象成黄河、长江的铺装样式和31个省（自治区、直辖市）及港澳台地区捐赠的代表各自山河风貌的景石共同组成，寓意中华民族同心同德，砥砺同行，共同前进，是世园会展示中华地大物博、展现各地奇石风采的重要舞台。

中华展园公共空间将以"君子之道""园艺客厅"和"同行广场"做为文化表达的三个主要组成部分。

图 3-75　中华展园区位图

3.2.1　君子之道

展区的四个主入口分别以中国传统文化中广为人知的"花中四君子"为主题，不同方位各自对应"梅、兰、竹、菊"四种品格，隐喻包含东方智慧的"君子之道"。四君子入口均以花岛的形式组织，一则可以增加景观的含蓄性，二则易形成良好的标识性，同时与周边环境融合。

3.2.2　园艺客厅

园艺客厅是依附于主游览路线两侧的休憩空间，具有不同的主题特色，由展现中国园艺文化特质的"竹藤格栅、靠背坐凳和景观小品"所组成，休憩其中可欣赏园艺雕刻、诗词、涌泉等内容，是小巧精致的园艺休憩空间。

3.2.3　同行广场

作为中华园艺展示区公共景观空间的核心被命名为"同行广场"——寓意同心同德，砥砺同行，筑梦中华。同行广场是体现"融合绽放"规划理念、展示中华地大物博、展现各地风采的重要舞台。为共建这一重要的园艺舞台，体现"同心同德"主题，规划由各参展方提供本地区最具地域特色的观赏石，共同组成广场的主景观，并在广场中央布置二十四节气文化雕刻，传承和发扬中华园艺文化和智慧。

图 3-76　中华展区 – 入口效果图

图 3-77　中华展区 – 园艺客厅效果图

　　在最终的设计方案中，长江黄河被引申为抽象的铺装构成，34 块展石更加突出石材本身的自然美，展石以环形阵列的方式摆放，中心为 24 节气主题地雕，体现古老的中国智慧，表达节气、园艺与生活的紧密联系。

图 3-78   同行广场

图 3-79   友谊花园

图 3-80　同行广场石阵

作为中华园艺展示区公共景观空间的核心，同行广场不仅将成为展示中国地大物博、展现各地奇石风采的重要舞台，也将成为展示华夏园艺文化的重要窗口，更将忠实见证全国人民凝心聚力，共享绿色生活，共建美丽家园的坚定决心。

4　园区 1 号门——"礼乐大门"设计

1 号入口"礼乐大门"位于中国园艺轴起点，造型与中国馆遥相呼应。作为主轴线"山水园艺轴"景观序列的第一道大门，1 号门在功能之外，注定也承担着诠释轴线序列文化意义，同时向游人展现园区的第一印象的重要职能。

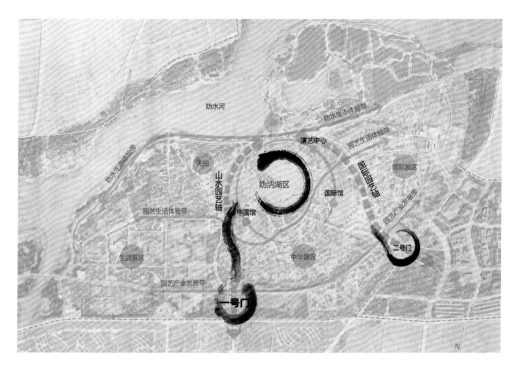

图 3-81　园区 1 号门区位

设计理念遵循中国传统礼乐文化:《礼记·乐记》中"乐者，天地之和也；礼者，天地之序也。"礼是天之经，地之义，是天地间最重要的秩序和仪则；建设礼乐大门，使礼乐教化通行天下，以展现我礼仪之邦之大国风范。

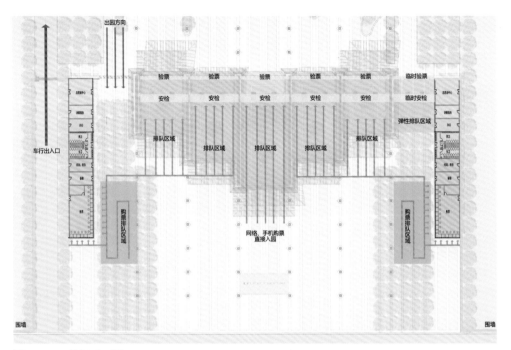

图 3-82　1 号门平面图

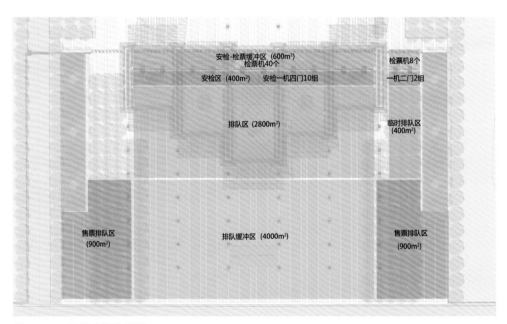

图 3-83　1 号门功能分区图

网络、手机购票作为未来购票主流方式存在，游人到达可直接进入遮阴舒适的排队区域，排队安检验票入园。现场购票人群可通过配套用房区域的售票室购票入园或处理票务问题。配套建筑配置售票、备勤、问询、卫生间、办公、讲解服务以及志愿者服务等功能。

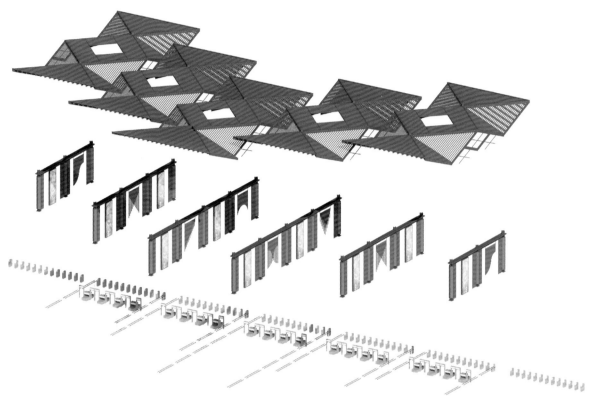

图 3-84 1 号门功能与形式设计叠加

图 3-85 中轴对称 框山入门

图 3-86 错落有致 礼仪迎宾

　　　　　　大门顶出檐模拟古建中"抱厦"形式，化解了大屋檐的呆板形象，以前后进深造成的视觉变化代替了高度变化，从而节省了建造成本降低了建造复杂程度。

图 3-87　大门立面对中国传统古建斗拱及屋顶形式的提炼

图 3-88　1号门内部立面的"乐"——风铃

礼乐迎宾，参考中国古建屋角常有的风铃，设置长短不一中空的钢管形成风铃，清风来时，如迎宾礼乐，铃声清纯如泉，不至吵闹。

图 3-89　1 号门正面效果图（白天）

图 3-90　1 号门正面效果图（夜晚）

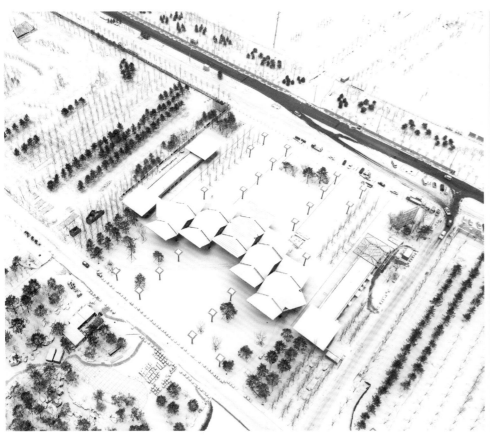

图 3-91　实景照片 雪中 1 号门鸟瞰

图 3-92 礼乐大门夜景实景照片

5 展园设计

5.1 北京园设计

5.1.1 区 位

北京园位于园区西部,中国馆的东南侧,占地5350m²,现状用地平整,园区主要轴线呈东北—西南向。

图 3-93 北京园区位

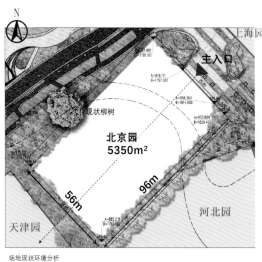

场地现状环境分析

5.1.2 设计理念

以"我家院儿"为主题,通过家、巷、园三元素所分别代表的四合院、胡同、花园来充分展现生活、连接园艺。将属于北京人的园艺生活,浓缩成"我家院儿"这样一个质朴的主题,向观展者传递属于百姓的生活园艺,展示最有北京味儿的园艺生活场景。

图 3-94 我家院儿

5.1.3　设计内容

以四合院为核心，周边环绕多个花园，共同构建北京园总体空间形态。中央核心院落空间，采用标准四合院的规制——正房5间、厢房3间，通过外部多种园艺空间的围合布置，传递北京的开放与包容。

结合北京的胡同名称和不同的生活片段打造八个园艺景观节点，在走街串巷间探寻生活的乐趣。

图 3-95　北京园鸟瞰图

◇ 拾光记忆

漫步于胡同中，斜阳、树影、繁花，通过生活中老物件等装置陈设，勾勒出老北京人的时光记忆。

图 3-96　拾光记忆

◇ 青瓦盛芳

青瓦盛芳景点，透过胡同内、围墙上的花窗看见院里的生活场景，利用立体人物造型，打造以儿童游艺为主题的家庭园艺小空间。

图 3-97　青瓦盛芳

◇ 棠花童真

棠花童真景观节点，以昆虫为主题的园艺小品点缀在缤纷多彩的花丛中，勾起儿童对自然的好奇心。

图 3-98　棠花童真

◇ 垂花门

透过围墙上的花窗可以隐约看见院里的生活场景，胡同端头彩绘的垂花门在灰墙、黛瓦的衬托下十分引人注目，引导游客入院内一探究竟。

图 3-99 垂花门

◇ 碧峰花影

在碧峰花影景点，大油松掩映八角亭，打造岩石园的景观风貌，展示低矮宿根花卉及乡土地被植物。

站在全园高点荷风亭，向北借景海坨山和中国馆，右品百花深处园艺场景，左赏碧峰花影岩石园，俯看北京园核心景观，细品眼前的水生景观甘雨荷风景点，闻香观览我家院儿的整体风貌。同时以荷花、睡莲、菖蒲等水生植物营造出什刹海荷花水岸的园林意境。

图 3-100 碧峰花影

◇ 月光鱼趣

院内通过园艺手段还原北京人家"天棚，鱼缸，石榴树；先生，肥狗，胖丫头"的生活写照。园内植有海棠、玉兰和牡丹寓意为"玉堂富贵"，点缀柿树、石榴树寓意为"事事如意"，院中摆放茉莉、米兰等盆栽，园艺展示与鱼缸、花缸、花洒等生活物件有机结合，体现浓郁的院落生活场景。

步入四合院西侧敞厅，利用中国园林"框景"的手法，使人们看到一幅经典的中国山水画。同时，引导游人进入西花园，体验不同的园艺主题场景。

图 3-101　月光鱼趣

◇ 什锦花园

什锦花园园艺展示区，是全园最后一个观景点，位于全园最北端，以容器及花艺的手法集中展示北京 20 多家科研院所众多创新成果。同时在这里模仿色彩鲜艳的世界名画，定期开展专业的主题花境展示活动，并充分展示北京 22 支园艺团队，300 多个园艺品种的新成就。

图 3-102　什锦花园

图 3-103 什锦花园夜景

5.2 河南园设计

5.2.1 项目概况

河南园位于整个中华展园区的东南侧，占地面积2300m²。展园要求：布展应以展示园艺植物、园艺材料、园艺技术为主，体现地方园艺特色，展示地方形象，展现独特园艺文化，突出"园艺"博览会。

特别强调：禁止照搬、扩建或缩建已建成的建筑、园林及园艺空间作为布展内容。禁止突出建筑或以建筑为中心突出园艺以外的展示内容。

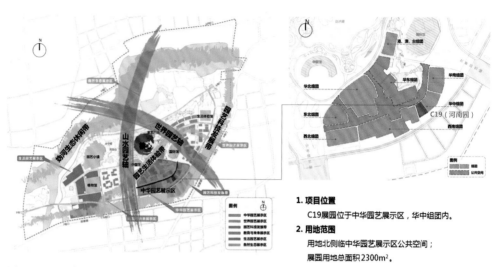

1. 项目位置
C19展园位于中华园艺展示区，华中组团内。

2. 用地范围
用地北侧临中华园艺展示区公共空间；
展园用地总面积2300m²。

图3-104　河南园区位图

5.2.2 设计理念

设计力图还原河南山地、水系、大平原，展现河南作为中原文化大省的魅力，并推动园艺走入千家万户。河南是汉字的发源地，设计以"汉字文化"贯穿全园，与园艺融为一体，形成"花语"主题。

5.2.3 总体设计布局

总体规划设计为"一心一带三园"布局。

一心：通过汉字雕塑及花田的结合为入口，营造大气、明朗的形象景观。简洁明晰的入口空间可帮助游客适当缓解一路来的视觉疲劳，轻松入园。

一带：为九曲花河游赏带，通过"之"字形路径来解决1m的设计高差，加上整体的环线游览路径，犹如蜿蜒的黄河将整个河南展园串联贯通，体现悠远深厚的黄河文明。

三园：为三个特色主题花园，分别表达河南园艺的历史、今朝与未来，展示河南特色园艺植物与文化、生活、生态的结合。

5.2.4 设计内容

结合游赏特点，形成河南展园特色八景。分别是江山如画、华萃中州、花影廊道、九曲花河、艮岳花艺、花语家园、百姓花林、逐水飞花这八个均含"花"字谐音的景点。

图 3-105　河南园平面图

图 3-106　河南园效果图

江山如画：为入口大门景观，以写意的手法表达家乡的山河之情。

华萃中州：设计以汉字文化为核心，取"中"字作为主体雕塑原形。"中"字代表中原，也是家喻户晓的河南地方语言，同时也寓意对国庆70周年的一份献礼。雕塑7m高，呼应70周年。花田部分展示的是河南三种特色名花名木——牡丹、月季和菊花为主体的，打造多彩缤纷的花田景观。

花影廊道：运用藤本植物与钢、木结合，游客穿越花廊，感受多种空间变换下的乐趣，激发人们的游览热情和对园艺生活的思考。

九曲花河：沿途花溪、叠瀑、字河汇入主路，寓意平原水系纵横。两侧挡墙采用夯土墙形式，表达黄河文明的悠久历史。

艮岳花艺：将河南菊文化与技艺融入到自然山水画中，形成一幅"山水菊园"的动态景观，使游人产生画中游的体验感。历史记载河南的艮岳山石被移至北京的北海琼华岛，今有北京世园会河南园园艺将两个不同的空间与时间重叠在了一起。

花语家园：园艺包含果树、蔬菜、观赏园艺栽培。通过果蔬搭配本土月季再结合汉字形式的窗台园艺，布置花瓶、相框、木椅等元素来突出生活气息，体现园艺与生活的紧密结合。游客可借助门窗的景框拍照留影，丰富了人们游园的参与性。文字内容结合家庭园艺表达当下河南的蓬勃发展。

百姓花林：河南园艺的未来一定是绿色发展、生态崛起。河南作为中国姓氏的重要发源地，通过一百支纸飞机形式的迷你雕塑展示百家姓，寓意中原的崛起腾飞以及对未来的向往。纸飞机结合廊架飘荡在半空，趣味十足，游客可在飞机上寻找自己的姓氏，完成一次寻根之旅。植物以牡丹为主，结合镜面不锈钢，体现发展与生态的融合，展望河南园艺的未来。

逐水飞花：以主体雕塑结合花台搭配跌水为背景，前方是一处小型广场，可作为表演舞台，重要节日展示河南豫剧等特有文化。舞台南侧有龙形廊架结合坐凳，为舞台表演提供观演席位，廊架也可为游客临时避雨所用。

图3-107　河南园局部鸟瞰图

5.2.5　交通组织与竖向设计

从进到出是一条环形路线，让游客沿路始终感受变化的景致，丰富游览体验，避免重复路线。整体竖向依托现状地势，南低北高，从北侧"一心"到南侧"三园"的竖向降低1m。入口花田体现大平原的第一印象，三个主题花园为下沉空间，完全掩映在植物之中，形成步移景异的景观效果。从高到低的游赏体验也代表着一场寻根之旅，空间变化为游客增添神秘感，对未知满怀期待。

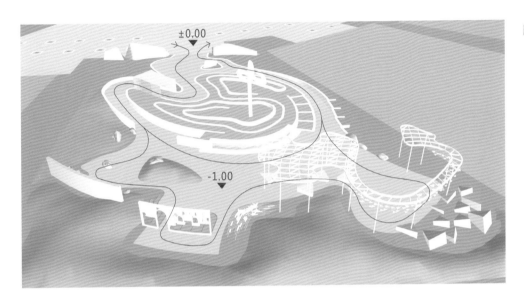

图 3-108　河南园竖向模型

图 3-109　河南园下沉小院

5.3 企业展园设计

5.3.1 展园区位

北京市园林绿化集团企业展园（城建绿化集团展园）位于展园山水园艺轴西侧的教育与未来展示区，与北侧永宁阁在同一景观视廊上。企业展园占地1600m²，北侧为公共绿地和仁创展园，南侧与东侧与园路相邻。

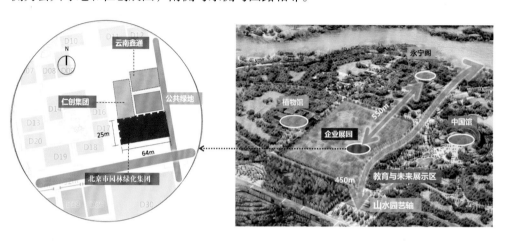

图3-110 企业展园设计

5.3.2 设计理念

展园以"展示企业风貌，献绿北京世园"为愿景。从园艺展示、文化传承、生态修复三方面切入，进行园艺价值的多维度诠释以及园艺产业的多方位融合，大力推进绿色发展，阐释人与自然的和谐相处，共同构建生命共同体的内涵。

5.3.3 设计内容

展园以庆典花篮、仿古建筑、山石叠水为特色，突出古朴典雅的景观氛围，展现"精益求精、以人为本"的企业工匠精神。

企业园采用"三段式"的布局形式，全园以功能结合景观为引导，满足企业园展示、游赏、互动的基本功能，共分为三个庭院：山庭——山水画卷（假山工程）、乐庭——童嬉乐园（园建工程）、花庭——时花广场（绿化工程）。

◇ 庆典花篮

庆典花篮与国庆花篮同款，与红墙、永宁阁共同打造同框留影点，成为园博会吸引眼球的亮点之一。时花广场根据季节进行花卉更换，兼顾春夏秋三季的艳丽缤纷。

图3-111 庆典花篮效果图

图 3-112　庆典花篮实景照片

◇　童乐广场

童乐广场位于场地中部，吸引游客入园游赏，为游客提供遮阴、休憩、儿童游乐的空间，延长游客在企业园的停留时间。安全地垫上布置适合不同年龄段儿童的游乐设施，提供安全的、视野开阔的活动空间。让家长休憩的时候可以近距离看护儿童，体现以人为本的设计理念。

图 3-113　童乐广场

✧ 花境展示

童乐广场北侧以花境的形式展示花卉新品种。以花色丰富的矮牵牛、非洲凤仙、三色堇、万寿菊、八宝景天、大花飞燕草等打造高低错落的植物花镜。

图 3-114　花境展示

✧ 松石叠翠

松石叠翠为山庭主景，是企业园西侧制高点，位于堆叠的土包石假山之上，以松林为主要绿色背景。松、石、潭、瀑、亭等多种造园元素共同营造中国传统园林天人合一的自然意趣，展开中国梦的美丽山水画卷。

图 3-115　松石叠翠

5.4　中草药主题展园"中华本草园"设计

5.4.1　项目概况

　　园区位于生活园艺展区北侧，建设用地面积约 3.23hm^2。全园使用百余种中草药植物，依据"草"与"方"的设计理念，串联三个区域，一条主园路从东至西曲折蜿蜒，分别贯穿百草归真区、本草药苑区及药草成材区。展示从自然生态的世间百草，向被赋予医药价值与人文精神的本草，再到被用以救死扶伤的药草的演变过程，将中草药带入生活。

5.4.2　设计理念

　　本草园以"草"为脉，以"方"点睛。以本草最原始的形象建立中草药的原生态鲜活印象，以高品质、广内涵的艺术形态展示中华传统人文底蕴和中医药学的精髓。让中草药走进生活，建立中草药新形象。

　　药用植物景观化：改变中草药在人们心中古板质朴的既定印象，将中草药的自

图 3-116　本草园总平面布局图

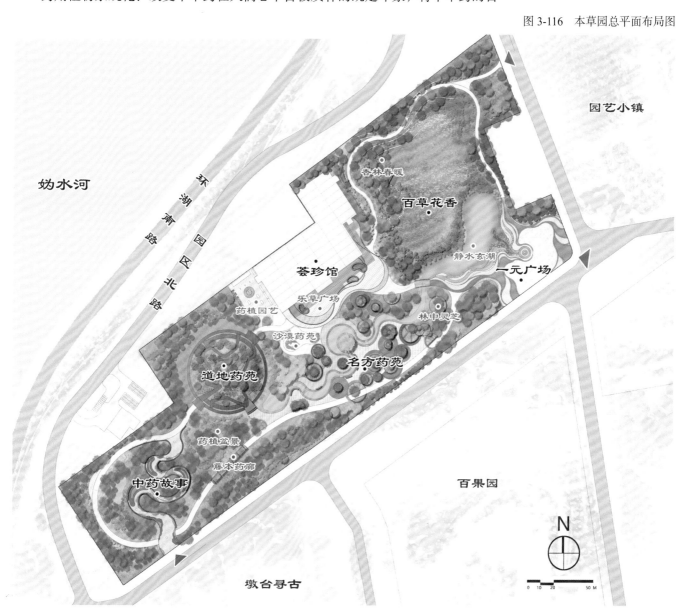

图 3-117　本草园鸟瞰图

然生长、干制标本、炮制过程、干药形态全部展现于展园内。回归药用植物的自然植被本质，灵活运用植物造景，创造优质的展园整体景观。

人工自然统一化：遵循中草药取之自然的特性，将自然之理、药草之理灌输于设计概念；将人工建设的展园、展馆与自然生态环境融合统一；切合世园会的绿色生态主题，将生态设计融入展园。

人文药理通俗化：深入研究草药人文、药理及部分中医理论知识，融合进展园的整体与细节设计，通过展园传承传播中草药文化；将深奥的草药学人文药理通过通俗易懂的方式进行展示；通过互动、体验、通感等方式，让参观游人在获得愉悦的游览体验同时，理解部分中草药知识。

5.4.3　总体设计

功能分区：该展园共分五个分区：入口形象空间、大尺度的观赏空间、形式多样的展示空间、小尺度的互动空间、本草印象馆（荟珍馆）。

交通分析：园内由一条主路贯穿全园，沿此园路能够到达园区内的主要景观节点，是该展园的主要游赏路线。百草山上有一条上山路，为二级园路。园内主要活动场地集中在西部及中部。

竖向规划：园区整体走势北高南低，主入口北侧主山高 6.5m。园区内土方不外运。

5.4.4　设计内容

✧ 百草归真区

百草归真设计有百草山、一元广场、静水玄湖、杏林春暖等特色区域，全区以林木为造景特色，打造多层次丰富的植物景观空间。百草山作为主入口对景，通过简洁的大地形的塑造形成满山遍野，百花盛开的景观效果，给游人以开阔震撼的空

图 3-118　一元广场实景照片

间体验；百草径从北部起始，贯穿全区，通过密植杏林、缓坡草坪、林中空地、疏林草地，通过植物空间疏密、明暗的对比，结合起伏变化的地形，曲径通幽，给游人以林中采药的游览体验。

◇ 本草药苑区

本草药苑区位于全园中部，有"名方园""道地药苑"两处特色区域，全区以药方为设计概念打造精致花园，铺装以暖色系铺装为主。名方园位于主建筑周边，以传统名方所载药用植物为基础所设计的小尺度花园，对本草的药理作用和本草间的配伍关系进行条理式展示科普。道地药苑以规则式种植为主，通过栽植各地最具代表性的药用植物，展现不同特色的药用植物景观，药圃前设置讲解牌，全方面展示药用植物的学名、归经及药用疗效，使游人便览各地药用植物。

图 3-119   道地药苑实景照片

图 3-120   名方药苑效果图

图 3-121   名方药苑实景照片

◇ 药草成材区

位于全园西部，设计以现代化金属雕塑、小品为主，营造丰富的互动空间，铺装以白色系铺装为主。起伏的地形结合挡墙、展廊等形式，展示本草成为药材所必须经历的炮制、存储等过程。凹形空间结合挡土墙形成展示根茎的小品和展示药材的药柜小品，将自然植被与金属雕塑小品相结合再现制药场景，为游人提供丰富的互动体验。

图 3-122　荟珍馆温室效果图

图 3-123　荟珍馆实景照片

图 3-124　水溪实景照片

图 3-125　百草花香实景照片

5.5 中美洲联合体展园设计

5.5.1 项目概况

中美洲是指墨西哥以南、哥伦比亚以北的美洲大陆中部地区，大部分为印欧混血种人，地形以高原和山地为主，平原狭窄，以热带雨林气候，热带海洋气候为主，是玛雅文化发祥地。中美洲联合体展园总面积 1544m²，出入口位于西侧，场地内平坦，规划由东向西排水。展园周边公共绿地种植有国槐、蒙古栎、云杉、侧柏、油松、海棠、山杏等植物。

5.5.2 设计理念

以火山、海岸、玛雅文化等突出的地理和文化符号为亮点，设计火山喷雾、玛雅花柱和海岸铺装等节点景观，表现中美洲的异域风情和人文风貌。

5.5.3 设计内容

◇ 奇趣火山

在中美洲的太平洋沿岸，有数量众多的火山，是中美洲的重要地理特征。设计采用火山石，结合微地形砌筑，在山口中设置雾喷装置，模拟出火山的氛围。在种植上采用观赏草，如狼尾草、晨光芒、蓝羊茅、血草、墨西哥羽毛草等，营造火山岩平原的景观。沿着山脊设置汀步，游人可爬上"火山"，体验独特的火山景观。

◇ 富饶海岸

由于火山灰堆积，太平洋沿岸的平原土壤肥沃，物产丰富。展园的主要场地以海岸沙滩为元素，通过渐变的米黄色胶粘石，模拟沙滩的纹理，配合以种植，营造富饶海岸的景观，让游人步入展园如步入海岸沙滩的风景之中。

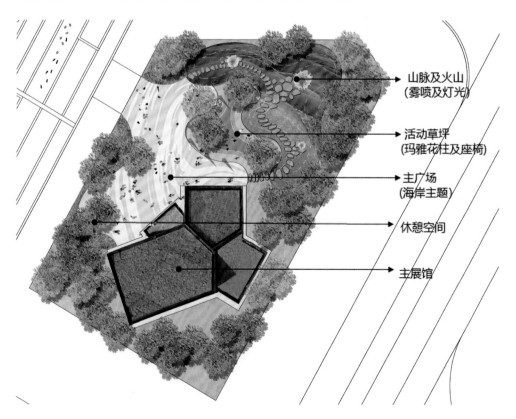

图 3-126　中美洲展园平面图

◇ 玛雅草坪

中美洲是玛雅文化发祥地。设计以玛雅的独特的文化为主题，打造一片多功能草坪。采用隐形植草格种植耐踩踏的草种，在草坪边缘设置玛雅主题的花柱进行空间围合，花柱中挖种植槽，种植多种具有中美洲风格的新优花卉品种。在展会期间的国家日活动中，主办方可利用草坪举办卖展和文化活动，环境和活动内容风格一致，情景交融。

5.6　加勒比共同体联合展园设计

5.6.1　项目概况

加勒比共同体是加勒比海沿岸国家的经济组织。加勒比海（Caribbean Sea）是位于西半球热带大西洋海域的一片海域，西部与西南部是墨西哥和中美洲诸国，北部是大安地列斯群岛，东部是小安地列斯群岛，南部则是南美洲。加勒比沿岸包括许多海湾，大部分处于热带地区，是世界上最大的珊瑚礁集中地之一。加共体联合展园南北长 62m，东西宽 48m，面积为 2981.82m^2，近似方形，出入口位于西侧。

5.6.2　设计理念

加勒比地区的碧海、绝美珊瑚礁、粉色沙滩、绚烂火烈鸟、热烈的狂欢节、多彩服饰以及建筑彩色立面等组成了五彩斑斓的色彩，同时加勒比海又有其神秘的一面，因而以"神秘的彩色天堂"为主题。以冲刷的海岸、粉色火烈鸟以及五彩斑斓

图 3-127　加共体联合展园 - 设计方案

提取   转化

冲刷的海岸

加勒比海红鹳

建筑的外立面
狂欢节的彩饰

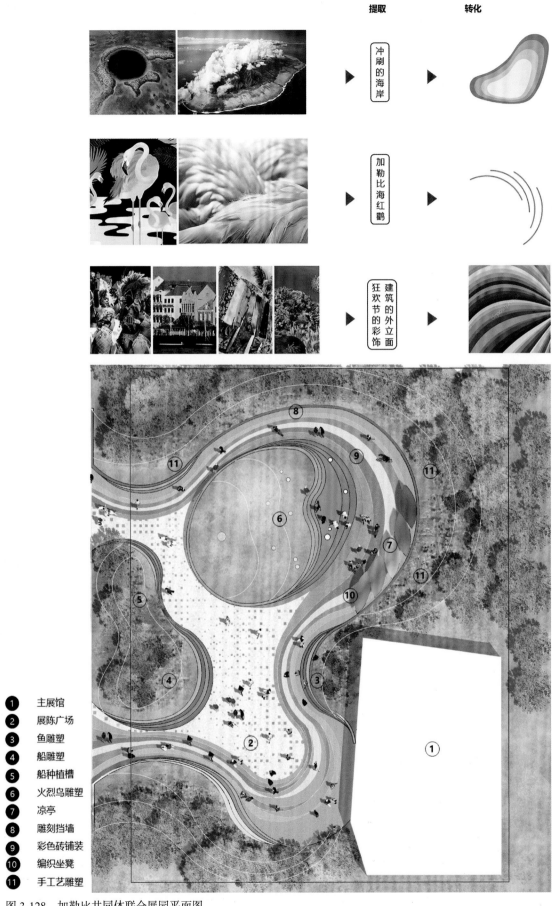

1 主展馆
2 展陈广场
3 鱼雕塑
4 船雕塑
5 船种植槽
6 火烈鸟雕塑
7 凉亭
8 雕刻挡墙
9 彩色砖铺装
10 编织坐凳
11 手工艺雕塑

图 3-128 加勒比共同体联合展园平面图

的色彩为设计元素，设计彩色的流线铺装、火烈鸟岛、五彩马赛克景墙、热带鱼雕塑等景观，展现加勒比地区当地的景观特色。

5.6.3　设计内容

在场地中，利用四周微地形、植被围合成内向型的空间结构，形成集中的展示空间。设计以简洁流畅的弧线进行构图，寓意加勒比海绵长的平原海岸线。主展馆位于场地东南一角，展馆前侧为集散广场，北侧为集中游览展示空间。

◇ 流线铺装

五彩斑驳是加勒比地区的特有色彩，因而铺装设计选用了红、黄、深绿、浅绿的胶粘石，绘出彩虹弧线，丰富视觉效果，烘托热烈氛围。广场周边设计12cm高、不等宽的流线马赛克台阶，为场地添加色彩，同时台阶层层降低，又隐喻海水退潮时的层层水波。

图3-129　流线铺装实景照片

◇ 红鹳岛

红鹳亦称为美洲火烈鸟，是加勒比的代表性鸟类，又因加勒比海分布较多岛屿，因而广场核心为红鹳岛。呼应流线形铺装，红鹳岛为椭圆形，以地面为海面，高出地面72cm。岛屿正对场地北入口一侧为珊瑚礁景墙，对着展馆次入口一侧为粉色马赛克台阶，隐喻巴哈马群岛的粉色沙滩，不同形态的红鹳雕塑置于粉色沙滩上，用以描绘其漫步沙滩的生活场景。园林中的马赛克多用于景墙，表面光滑，不适用于地面及台阶，本次台阶所使用的马赛克均为磨砂面。

图 3-130　红鹳岛实景照片

　　✧ 珊瑚礁马赛克

　　加勒比海是世界上 9% 珊瑚礁的栖息地，珊瑚礁为当地一大特色。正对场地北入口马赛克景墙设计了珊瑚礁图案，绚丽的珊瑚礁突出彩色天堂的主题。广场最北侧马赛克景墙呼应珊瑚礁的色彩，设计海平面上日出时天空的色彩，用以描绘日出、岛屿、海滩的热带岛屿景观。

图 3-131　马赛克景墙实景照片

　　由于加勒比地区多为热带气候，延庆气候不适合种植当地植被，因而选用形似的植被种类。广场周边种植观赏价值较高的美人蕉、蓝花鼠尾草、金鸡菊、假龙头、波斯菊、金娃娃萱草等色彩丰富的地被，以呼应神秘的彩色天堂的设计主题。

5.7　太平洋岛国联合展园设计

5.7.1　项目概况

太平洋岛国联合展园属于 2019 年中国北京世界园艺博览会参展援助项目，根据初步规划，展园位于世园会国际展区 G2a 地块，总面积 2624m²。太平洋岛国是指分布在南太平洋的岛屿国家。该地区幅员辽阔，岛屿众多。除澳大利亚和新西兰外，共有 27 个国家和地区，这些国家和地区由 1 万多个岛屿组成，分属美拉尼西亚群岛、密克罗尼西亚群岛、波利尼西亚群岛三大群岛区，它们或大或小，环境优美，拥有得天独厚的旅游资源、水产资源和矿产资源，宛如一颗颗璀璨的珍珠镶嵌在浩瀚蔚蓝的洋面上。

5.7.2　设计理念

南太平洋岛国最大的特征是"海洋"与"岛屿"，最直观的视觉印象是大洋与天空的蓝色。将主题凝练为"南太平洋上洒落的珍珠"，对岛屿、海风、水流、珍珠等特色意象提取设计语汇，将三大群岛及各参展国的人文地理等文化直观得融入到展园形态之中，展现一幅海洋特征的画卷。

5.7.3　设计内容

总体布局围绕圆形主展馆建筑划分绿地与通行空间，结合珍珠、海风、海浪的设计语言，将景观节点、动态流线、绿色基底解构为具象的点、线、面。

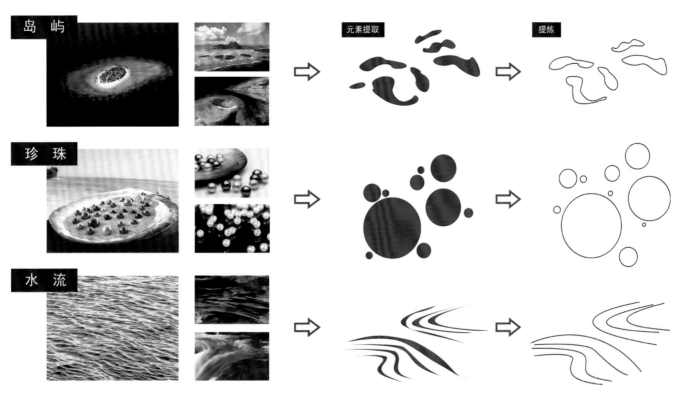

图 3-132　太平洋岛国联合展园设计语言

面：以海浪为意象，以应季的深蓝或深紫、浅蓝或白色的两色花卉通过简约大气的构图形式进行表达，结合流线型的撞色铺装，打造纯粹明朗的展园基调，游客步入展园既置身于以植物营造的太平洋氛围。

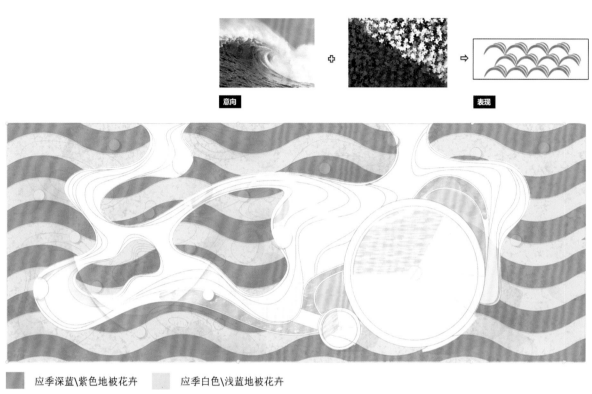

■ 应季深蓝\紫色地被花卉   ■ 应季白色\浅蓝地被花卉

图 3-133　太平洋岛国联合展园设计面状图

线：以海风和海岸为意象，塑造平缓空间中上、下两层轻盈的流线形态，引导游线同时丰富立面层次。包括上层的"风之布幔"雕塑及下层的流线型坐凳。

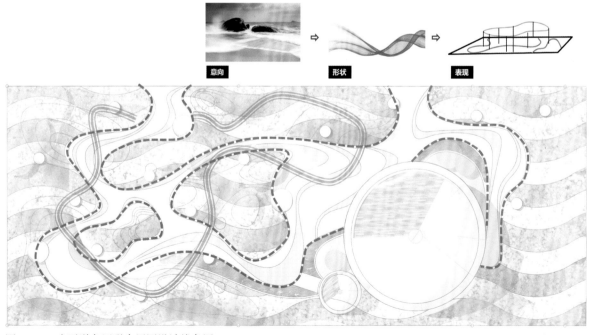

图 3-134　太平洋岛国联合展园设计线条图

点：以白色、透明色珍珠为意象，将不同体量的球体运用于相对平缓开敞的空间中，营造统一而独具特色的景观节点，供游人停留、参观、休憩。包括圆形主展馆建筑、三大群岛区特色展亭、散落于绿地之中的多组透明球体雕塑。

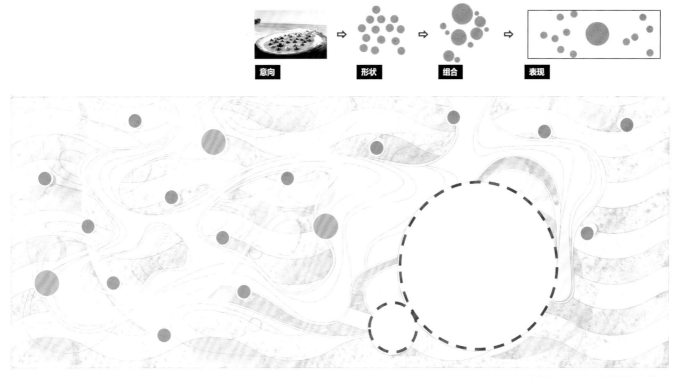

图 3-135　太平洋岛国联合展园设计点状图

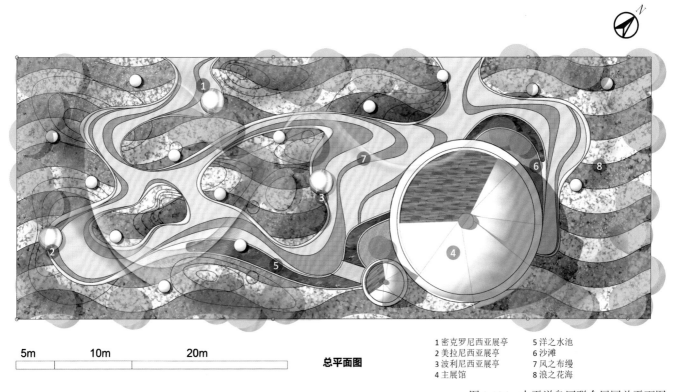

1 密克罗尼西亚展亭	5 洋之水池
2 美拉尼西亚展亭	6 沙滩
3 波利尼西亚展亭	7 风之布缦
4 主展馆	8 浪之花海

总平面图

图 3-136　太平洋岛国联合展园总平面图

图 3-137 太平洋岛国联合展园实景照片

后 记

一、规划随笔，设计回望

严伟

长城脚下，妫水河畔，2019 北京世界园艺博览会在北京市延庆区举办。19 北京世园会是世界最高级别的园艺博览会，也是继 99 昆明世园会、10 上海世博会之后中国再次举办的 A1 类国际性大型博览会，会期 162 天。北京市园林古建设计研究院团队自 2014 年参加园区总体规划设计竞赛开始，有幸参与了园区公共区总体环境建设的全部过程。回望 5 年，感慨万千：从开始的"仰天大笑出门去、广发天下英雄帖"；到后来的"也无风雨也无晴、艺海无涯苦做舟"。我想这可能是这类国家级重点工程的复杂性、综合性因素，导致设计工作的普遍常态。特以小文记录要点，方便同仁在游赏时共勉。

规划立基：北京世园会建设于一个强调生态文明发展观的新时代，要展示"历史底蕴深厚，山河秀美的东方大国形象"（习近平，中央外事工作会议和政治局集体学习），是"作为建设美丽中国的生动实践"（汪洋，北京世园会组委会第一次会议）。因此，园区设计的整体目标也在追求表现自然、融入自然和歌颂自然。《园冶》讲：相地立基，造园之始也。任何设计都有源起。世园会园区总体规划落笔源起于设计任务书的设计理念"让园艺融入自然，让自然感动心灵"。所以寻找和营造这个自然感动心灵点是设计开始的首要任务之一。确实幸运，这个自然感动点在第一次现场踏勘时就被感知到了。这个点位于妫河在园区内的拐弯处，有着最长的南北水上视廊，又面对北岸的冠帽山、海坨峰。可以说是仰海坨，俯妫水，山川形胜，是感悟"山水林田湖，生命共同体"的天然图画。因此总体规划也由此点展开：以"心灵感动点"为端点，南向延伸至礼乐之门（园区 1 号大门），形成山水园艺轴，即中华园艺轴；向东南方向拓展至万花之门（园区 2 号大门）形成世界园艺轴。由此园区两条控制性主轴线依托周边山水关系自然形成，园区骨架可定。规划据此继续打磨完善，确立了一心、两轴、三带、多片区的总体规划格局。一心即核心景观区，两轴即山水园艺轴和世界园艺轴，三带为妫河生态休闲带、园艺生活体验带、园艺科技发展带，多片区为中华园艺展示区、世界园艺展示区、生活园艺展示区、自然生态展示区和教育与未来展示区。同时，两条轴线相交围合也限定了明确的游赏核心区，对园区主要布展区的布局及主体建筑的选位都起到了引领作用。

规划打磨：虽由人做宛自天开是中国园林重要的造园思想。园区规划依托这个思想，期望园区环境向外能融入延庆的大山大水，于内能有步移景异的丰富体验。然而作为一个尺度宏大的国际博览园：503hm^2 的围栏区的尺度、100 个以上的室外展园规模、162 天的长时间会期。特别是日均 8 万人、高峰日 24 万人，总量 1600 万人的接待需求（设计任务书）——清晰的游赏布局是总体规划工作打磨的第一重点。"清晰"和"丰富"多少是有对立性的。503hm^2 的尺度超越了普通人的视觉辨识范围和脚力尺度。这个尺度的游赏清晰化打磨并不容易。利用建筑的视觉引导和方位辨识是解决此类问题的一种方法。1号大门、中华园艺轴对应中国馆，2号大门、世界园艺轴对应国际馆保证了入口的清晰引导。同时园区几个主体建筑的三角型布局关系又互为标识，很好地传递了核心区的游赏方位感。结构清晰之后，游赏节奏的把控，设施内容的组织布局也会有据可循。布局清晰化的理念贯穿了后面所有片区的设计。例如中华展区的总体布局，在调研大量以往各种大型博览会规划案例之后，总结出各独立展园大布局无非两种：一种是自由主团式，优点是便于展园融入自然，问题是拉长了游赏距离，游线组织易重复；另一类是鱼骨式，优点是结构清晰易辨认，缺点是展览空间容易做板。经过十几种模式的组合比选之后，北京世园会中华展区选择了以鱼骨式布局为基础，围绕一个中华园艺大客厅展开布局。这种布局第一大优点就是集约土地，缩短了游线。作为多次展会的游历者，深知烈日下逛园子一步步的幸苦，最短的游线组织保障了游赏的舒适度和丰富性。同时在布局细节上，强调各省展园正立面空间层次的转换以及过渡空间的林荫属性。这些细小变化在实际效果呈现中都起到了很好的作用。

竖向设计： 工程设计阶段，我们主要承担的是核心景观区及中华展区的公共区设计任务。设计的原则依然是强调自然放松，打好自然本底。竖向设计就像是造园的起跑线，看似无形，往往决定了成败。所以园区设计阶段第一要点是竖向。对于503hm² 围栏区，近乎平整的场地，又要满足雨水期90%不外排的任务要求，还有穿越园区的自然妫水河，潜在矛盾交织很多。主水面妫汭湖常水位标高的确定是重中之重。经过反复推演，确定了高程477.5m为常水位标高。这个标高决定了核心区场地的连绵与深邃，塑造了场地的空间感。同时，这个标高利用了原有的鱼塘，满足了妫水河的防洪要求，既给园区海绵工程留出了蓄水池，又给天田山预备了土方，一举多得。

种植设计： 作为一个大型博览园，种植层面要考虑的问题有很多，比如新优品种的园艺展示方式，本土树木的打底保障等等，本文不作细述。这次强调设计团队紧紧抓住的另两个关键问题：第一林荫游赏，第二迅速成景。作为展览大背景，园区植被需要迅速成景，当年见效。但是因为交叉施工，园林工期基本没法预留植物恢复生长期。因此，对于场地内现状大树的组织利用是解决上面两个难题最快、最有效的方法。设计过程中，景点的营造、路线的选择都会对现状大树予以综合考虑。从实际效果来看，现场保留的大树撑起了园区的场地空间，烘托了大山大水的开阔尺度，也很好地包容了大体量的展览建筑。

建筑风格： 园区建筑风格如何确定，讨论起来往往会是一个很纠结的议题。从规划理念上讲都希望世园的建筑是隐于山林、融入自然，强调建筑与园艺共生，城市与山水合一。到了实操层面，各个主馆建筑更是各显神通努力融入自然。比如中国馆选择覆土建筑模式结合梯田肌理，国际馆选取化整为零的单元花伞模式，都是很好的表达。但是，毕竟功能在、体量在，博览建筑也无法是园林建筑的思维模式，所以几个主体建筑出来后还是比较强势。因此，公共区的休憩服务建筑明确要从形态、材料、色彩上呼应附近的主场馆建筑，做到和谐统一、融于自然。"以隐为先"，建筑的风格也就不用那么纠结了。从实际实景照片看，永宁阁的高点控制，日新苑、垂虹桥的画面构成，牡丹台的观景画框，丝路廊架的遮荫联络还是达到了预期效果。

一个设计经历 5 年，会是一种磨练。多专业复合设计——是一个互补、妥协的过程；是一个历练团队培养人的过程；是提升站位、开阔视野的过程。你会慢慢体会到设计的一些本质，设计是打磨、是平衡、是纠结、是包容、是情怀、是国情、是夜、夜、夜、夜……。对于风景园林行业来说，也许最好的设计就是能把最好的自然呈现给大家。自然是万源之源。

漫长的设计过程也得到许多师长、同仁悉心的指导与帮助，特别感谢孟兆祯先生、杨赉丽先生、尹伟伦先生、张树林先生、刘秀晨先生、强健先生、金柏苓先生、杨建庠先生、张启翔先生、高大伟先生、李雄校长、董丽院长、刘燕院长、徐佳秘书长、于学斌董事长、丘荣院长、赵锋院长、丁学俊主任、孟勇主任、杨念之院长、展二鹏部长等等；也特别感谢北京世园局给予的信任与督导促进；当然还感谢一同战斗的几十家兄弟设计单位和施工企业，其中有北京清华同衡规划设计院有限公司、中国建筑设计研究院有限公司、北京市市政工程设计研究总院有限公司、北京市园林绿化集团有限公司、北京市金都园林绿化有限责任公司、北京市花木有限公司、江苏澳洋生态园林股份有限公司、北京乾景园林股份有限公司等等；最后感谢园林古建院的一众同仁，齐心协力，共同付出担当才能完成此项设计任务。文稿时间有限，时时还会浮现出帮助过的朋友，在此一并感谢！

二、参园冶古意，绘世园新图——世园会天田园设计

毛子强

世园会天田园的设计在团队的辛勤努力下收官，工程建设现已完成，图纸上的天田园精准地落在了妫水河畔的园区中心：山环水绕，花木掩映；永宁阁矗立山顶，俯瞰全园，一幅山水园林画卷展现在世人眼前。回顾两年多的设计历程，可谓殚精竭虑，收益颇丰，感慨良多，现仅以设计完成后的一点切身体会与各位同仁分享。

传统文化是设计灵感的源泉

天田园的设计是一个自我否定的过程，同时也是对中国古典园林从认识、体会、到信服、致敬的过程。

主题风格的确定是设计的首要问题。设计之初我们曾确定做现代风格，觉得可以脱俗，会给人以新鲜感；对传统风格则没有太大热情，觉得可能会陈旧、过时。后来经过认真思考，反复研究，并通过几轮的方案调整、比较，我们坚定地进行了自我否定。天田园位于园区的主轴线"山水园艺轴"的端点，是全园的制高点，与中国馆隔路相望，做为全园最大的公共景观区，应该传达中国文化，展现中国特色，"虽由人作，宛自天开"的中国古典园林风格才是最佳的选择。

整个设计从最初的天马行空，到后来的脚踏实地，再到最后的全心融入，并且发自内心地对传统文化信服与致敬。随着设计的深入，愈发感受到中国古典造园理论之精辟，古典园林文化意境之深远。

设计的过程也是感悟的过程：中国古典园林之所以很容易被世人接受和喜爱，其深层原因在于植根于中国人心中的传统文化——崇尚自然，寄情山水。中国人既有"天地有大美而不言""采菊东篱下，悠然见南山"这样对自然的热爱和对田园生活的向往，也有"岁寒，而知松柏之后凋"这样寄情于景物、以物比德的精神追求。中国传统园林是恰恰为人的这种精神向往和人格追求提供了客观情境，为人们提供了一个寓情于景、以景达情的心灵家园。

造园有法无式

天田园的设计没有蓝本，而且条件受限。

天田园不同于现存以及可考证的任何一处古典园林，它是集皇家、文人、田园等多种园林类型于一体的集合式园林，这在造园中极为少见。设计中三者如何统一是重大课题。

中国传统造园有"有法无式"之说，天田园的设计正是对这一理论的实际解读。天田园的条件并不理想，全园面积不足 $12hm^2$。在这 $12hm^2$ 的地块中，既要做出天田山、永宁阁大山大水的皇家园林的宏伟；又要有清幽、静谧的幽兰亭、竹里馆这样的文人园林；同时还要有大面积的花田田园风光。设计利用多种不同的造园手法，但又不被某一种形式所限，"泉流石注，互相借资；宜亭斯亭，宜榭斯榭，不妨偏径，顿置婉转"，使各种类型穿插组合、浑然一体。

推敲——设计到位的保障

造园讲"精在体宜"。主题风格确定之后，如何达到"合宜、到位"，则表现在方案深化的推敲过程。在设计过程中，从大的山水关系，到景点之间的视线关系，甚至小到一块石头、一丛花草，都经过反复推敲。如山与阁的体量的确定，就既要考虑山与阁自身的比例关系，同时也要考虑其与中国馆的大的尺度关系。通过建模，进行视线分析，最终确定山体高度和阁的高度。使得山与阁在大尺度上比例均衡，并与中国馆互为对景。山形在平面上也几易其稿，最终在有限的地块内形成山势绵延、山环水抱的山水格局，为天田园的总体布局确定了基础。

前期研究的越深入、越精细，实施的效果越能得到保障。正是因为前期的推敲、研究，才使得最终建成的效果与前期的方案构想完全吻合。

设计过程中，得到了多方支持：世园局领导高屋建瓴的指导，各界专家的指点迷津，施工企业的认真落实，所有这些都是项目成功的基础与保障。

希望天田园设计团队的付出，能为世园会增添一道展现中华传统文化特色的亮丽风景。

赞曰：

高阁临妫水，传燕京古韵，

沏湖映天田，展盛世繁华。

三、2019北京世界园艺博览会规划设计顾问团队工作

吕建强

项目特点

1. 重要性

2019北京世园会是继1999年昆明世园会、2012年上海世博会后，由中国政府主办的等级最高、规模最大的国际A1级专业类展会，参展者不少于200个，其中国际组织及国家参展者不少于100个，参观人数不少于1600万人次。从参展者和参观人的数量上，也说明这个项目至关重要。

本次展会期间以园艺为媒，传播绿色城市建设理念，展现中国生态文明建设丰硕成果，搭建东西方园艺文化交流融合的舞台；会后将作为区域生态公园的公益性园区，主要承担展示、学习交流和休闲体验等功能，提供开展相关大型公益活动场所，促进国内外园艺交流，继续传承绿色生态理念，引领我国园艺发展方向。

同时，本项目的建设有助于形成以北京延庆为核心引擎，东部和北部连接河北的绿色生态文化走廊，打造张家口——延庆北京西北部生态环境、产业交通、旅游观光等协同发展的实质性共同体。这一旅游体系的完善能够为地区经济可持续发展提供新动力，加快推动京津冀区域协调发展，构建区域经济发展新的生态示范。

2. 复杂性

2019北京世园会不只是通常意义的公园，是以公园为基础的一个大型园艺展会，更是一个绿化建设规模超大的城市综合体。通常状况下，我们只需要按《公园设计规范》要求，依据用地范围内各类用地指标，进行人流量测算，配置必须的服务设施和适当的景观设施，因而对各类管线、建筑要求并不高，从而造成了公园建设时会出现较大的可变性和可调整性；但是，2019北京世园会按规划要求，设计人流量为19万人/日，高峰日人流量预计可达到24万人/日，是正常公园设计人流量的5～6倍，为满足超大人流量的需要，其服务设施、游憩设施、管理的配置、活动场地的设置，与普通公园的设计大不相同，其复杂程度远远大于普通公园。

为满足会时游览会后运营管理的需要，2019北京世园会设有几大建筑群，包括四馆、一心、一镇及产业带等大型建筑或建筑群，以及为游人服务的分散的配套建筑，大的单体建筑规模超过了3万m²，小的建筑规模在几百平米，大的建筑群的建筑规模超过了52万m²，全园规划建筑规模达到了30万m²，这么大体量建筑分散分布在园区内，对满足建筑功能需要的各类市政基础设施提出了远远比一般公园复杂的多的多的要求，为保障园区内的各类设施、建筑，园区建设了综合管廊，这在普通公园建设时是根本不可想象的，故严格意义上说，2019北京世园会的规划设计是一个城市局部地块的综合体设计。

3. 高标准、高要求

2019北京世园会是中国政府主办、北京市政府承办的世界上最高等级的园艺类

展会，其规划设计及建设代表了国家形象，要展现中国园艺发展的最高水平，同时世界上很多国家及国际组织都要参展，因此对园区公共区域的规划设计及建设提出了极高的要求，其规划设计要反映出我国在园林规划设计的水平。

2019北京世园会在规划设计之初，就明确提出了要举办成为一届弘扬绿色发展理念，完美诠释"绿色生活、美丽家园"精彩纷呈、令人难忘的世园会；要举办成为推动园艺产业发展，由园艺大国走向园艺强国，达到世界园艺新境界的世园会；要把世园会建设成为彰显生态文明建设成果，国际一流的和谐宜居之都示范区和美丽中国展示区。上述规划设计的种种要求均反应出了本届世园会规划设计的高标准要求。

规划设计顾问团队工作内容

1. 各专业规划设计技术管理与协调

（1）为世园局组织的各类设计技术会议提出建设性建议；

（2）为世园局收集整理政府管理部门的工作流程及报批需要的设计成果材料，对规划设计文件审批时间节点的把控提供建议；

（3）协助世园局规划设计管理部门制定世园会建设工作计划，协助世园局控制设计进度；

（4）协助世园局规划设计管理部门制定各类与规划设计有关的规章制度，包括设计团队管理工作机制、设计资料管理制度、设计例会管理制度、设计评审管理制度、设计资料收发管理规定等，以保证规划设计工作有序开展，有章可依；

（5）依据北京地区对建设档案的管理要求，对规划设计过程中的资料进行分类、归纳、整理，协助世园局做好规划设计资料保管、归档工作。

2. 提供技术咨询

设计过程中，对规划设计成果进行技术把关，解决规划设计中遇到的技术问题，并提出解决方案和建议；在方案阶段组织专家对方案进行评审，对方案提出建议；初设及施工图设计阶段，组织专家对设计文件进行评审，对设计文件提出优化建议，对不同标段间、地块间的矛盾提出建设性解决方案供世园局决策。

3. 统一技术标准

由于参建设计单位众多，为保证规划设计和建设标准的一致性，规划设计顾问团队需各设计单位组织编制围栏、座椅、垃圾桶、灯具等采购成品的技术要求及标准，统一概算编制标准及材料单价，并为世园局在建设过程中的采购成品招标提供技术支持。规划设计顾问团还组织各设计单位完成了公共区域景观一期向发改委报审的工作。

4. 协助世园局的运营管理服务部门完成运营管理工作

对于大型展会，规划设计工作是基础，是为会期及会后运营管理提供基础条件的，其完成的基础设计和建设工作的好坏，会直接影响运营管理工作的安排；如各个门区的布局、门区广场的规模是否能满足展会期间购票、排队安检、紧急事务处理、车辆出入的要求，园区公共卫生间的布局是否能满足游客的需要，在大客流出现时，如何保障游客仍然能舒适地游园，注意规划设计初期对场地和管线的预留；

在规划设计工作基本完成后，规划设计团队承担了大量的与运营管理相关的工作，与世园局的十几个管理部门进行对接与协调。

规划设计顾问团队工作特点及难点

1. 参建设计单位众多，涉及专业众多

目前，不包含各展园的设计单位和施工单位，参与世园会设计的单位已多达十几家，参与世园会施工的单位已超过二十几家，涉及园林、建筑、道路、市政基础设施、管廊等多个专业。在不同单位、不同专业的设计单位之间进行设计协调，是一件很困难的工作。且上述各专业设计单位设计时需要考虑为各个展园预留条件。

2. 土地归属复杂，投资渠道不同

世园会用地范围内包含了水利用地、建设用地、非建设用地等各类用地，不同的土地属性导致需要对接不同的管理部门、建设部门，且园区内存在几十公顷的商业用地，进行了土地招拍挂手续，从这个意义上说，世园会项目已不是一个园林项目，而是一个城市综合体项目，在不同的管理部门间落实设计条件也不是一件简单的事情。

3. 需求部门多，需求多样化

在世园会的设计过程中，总体规划部是设计单位的管理部门，但对设计功能的要求涉及到世园局的多个部门，如各个门区的设计时，就需考虑票务、交通保障、安全保障、运营服务、VIP 接待等多个部门的需求，且不同部门间的需求有时还会有矛盾和冲突，如何协助总体规划部协调各个部门的需求也是很重要的方面。

4. 大型展会设计特殊要求

世园会做为最高等级展会，设计客流量为 19 万人／天，极限高峰客流量预测值为 24 万人／天，远远高于公园设计时的客流量，面临瞬时客流量极大的特点，其场地的设置、设施的配置既要考虑展会期间的要求，又要结合会后利用避免浪费的要求，在这二者之间找到相对平衡点，提出解决办法也是规划设计要着重考虑的问题。

5. 设计单位开展设计工作有前有后

由于参与的设计单位众多，不同单位间、不同专业间开展设计工作的时间也前后不一，这非常容易造成专业间、单位间的衔接出现问题，这就要求后开展工作的设计单位一定要考虑前期完成设计时预留的条件，前期开展设计工作的单位预留条件一定要考虑周全，避免给后期设计工作带来问题。如本次设计，给展园预留的用水量、用电量普遍偏少，对展园的设计限制较大。

6. 展园设计很难约束

2019北京世园会有上百个参展企业、省市、国家和国际组织，每一个展园都有一个设计单位，虽然在招展工作开始时，世园局依据国际惯例制定了国内和国际展园的设计导则，并对国内展园的方案组织了评审，但在展园建设落地时，仍然发现很多展园并没有按展园设计导则的要求和预留的管线条件、场地条件开展展园设计，但很多展园又都通过了展园所在企业、地区、国家的领导审批，尤其是国际展

园的设计还可能涉及外交方面的问题。为了参展的需要，只能在已完成公共区域设计和建设的基础上进行调整，从而造成了许多设计和施工的反复。

规划设计顾问团队工作的经验与教训

1. 团队组成

对于类似 2019 北京世园会这样大型的展会，要为政府管理部门提供技术咨询服务，其团队的构建极为重要。在这样的团队中，除了通常意义上的景观、建筑、结构、造价、设备等各个专业的技术人员外，团队中一定需要有运营管理方面和施工方面的人才。规划设计和场地建设是基础，是为运营管理提供服务的，但规划设计一旦定型，又不能为运营管理提供良好的基础，会造成很大的施工反复，产生建设资金的浪费。本届世园局的运营管理部、交通保障部、安全保障等相关部门在规划设计已经定型，施工已经开始的时候才正式介入，但规划设计能调整的余地已经很小，为满足运营管理方面的要求进行了对策专题、专项研究，花费了大量的时间。

2. 统一标准要尽早

对于大型展会而言，都会面临参建设计单位众多的问题，特别是同一行业有不同设计单位进行设计时，因为各个设计单位的标准、流程、习惯均不相同，故在设计单位开始工作前统一标准和要求至关重要，统一的标准不仅仅是材料标准、做法、材料单价、取费标准，也包括制图方面，如图号的编排、图幅，还有彩图的色号等。在 2019 北京世园会项目中，规划设计顾问团队就统一了井盖、座椅、围墙、铺装做法、石材木材等材料标准，规定了图号编排的要求，明确了材料的统一市场价格、人工费及其他概算取费的统一要求。

对于多个设计单位参与的项目，需统一的标准的要求应在设计单位开始设计前就尽可能明确，可以避免各个设计单位反复工作。而且统一标准的工作会贯穿整个设计过程。

3. 协调能力比专业知识更重要

为建设方提供技术咨询工作，专业知识的缺失可以通过组建专家团队，充分利用社会上各个行业专家的力量来弥补团队中人员知识的欠缺，但当面对多个设计单位、施工单位，面对建设方不同的管理部门时，协调能力就变得至关重要，尤其是在不同单位、部门之间存在矛盾时，要通过积极沟通，判断各方的利害关系，才能向建设方领导提出可行的方案，该方案不一定是最优的，但一定是可落地的，是各方间相互妥协的结果。

4. 总体设计至关重要

对于参建设计单位较多的项目，有一家设计单位作为整个项目的总体设计单位是非常必要的，该设计单位要进行总体设计，为参建的其他设计单位提供设计底图，控制不同设计单位交接处的竖向、铺装面层交接、种植风格，建设方要授予该单位一定的权力，才能保证各单位、各专业间的交接不出现矛盾，从而避免在工程建设阶段出现施工反复的问题。

5. 设计与运营管理结合是关键

对于大型展会，前期的规划设计工作只是展会成功的基础，其工作占整体工作的比列并不高，运营管理是关键。前期规划设计时，由于园林古建设计院及设计团队人员组成的缺陷，在设计团队中通常没有运营管理方面的人才，设计人员又喜欢追求设计的完美性，对运营管理方面通常考虑的很少，但对于大型展会而言，其瞬间人流量超大的特点又决定了运营管理非常重要，因此规划设计时，多为运营管理考虑，特别是在场地需求、交通保障、安全保障、水电条件等方面为重中之重。

6. 专项研究至关重要，研究落地是难点

对于大型展会项目，会涉及到许多非常规专业方面的内容，这些内容一般的设计单位是不具备这些方面的专业知识和专业人才的，而且我国设计发展的方向是向专业化发展，一定要让专业的人干专业的事，通过前期开展一些专项研究，将专项研究成果提供给设计单位，以做为设计单位开展设计的基础条件是很有必要的，如在本次世园会中就开展了水质保障、风险分析评估、配套服务设施布局、客流分析等专项研究工作，为后期设计单位开展设计工作提供了很好的技术支撑。但仅仅开展专项研究是不够的，如何将专项研究成果落地非常关键，这就要求专项研究单位要将工作延展，完成研究仅仅是工作的开始，要对研究成果在规划设计中的应用进行跟踪、评审，提供技术服务，以保证成果的最终落地。

7. 资料管理非常关键

对于大型、超大型项目，规划设计工作持续的时间往往会有3～4年，在这期间规划设计顾问的工作会产生大量的资料，对这些资料进行有条理、分门别类的管理是非常重要的，庞大的资料如果没有按类别、时间、专业进行归类整理，其后果可能是灾难性的，查找资料会花费大量的时间，故从一开始形成一套资料管理方法，对资料的命名、分类等做出规定是非常重要的。